天外有天科普丛书

# 建造太空城

## ——天上有人间

吴 沅 编著

U0203384

上海科学技术文献出版社
Shanghai Scientific and Technological Literature Press

**图书在版编目（CIP）数据**

建造太空城／吴沅编著．—上海：上海科学技术文献出版社，2017

（天外有天科普丛书）

ISBN 978-7-5439-7527-9

Ⅰ.①建… Ⅱ.①吴… Ⅲ.①星际站—普及读物 Ⅳ.① V476.1

中国版本图书馆 CIP 数据核字（2017）第 193919 号

责任编辑：于学松
特约编辑：石　婧
封面设计：龚志华

丛书名：天外有天科普丛书
书　名：建造太空城——天上有人间
吴　沅　编著
出版发行：上海科学技术文献出版社
地　　址：上海市长乐路 746 号
邮政编码：200040
经　　销：全国新华书店
印　　刷：常熟市人民印刷有限公司
开　　本：650×900　1/16
印　　张：7
字　　数：66 000
版　　次：2017 年 11 月第 1 版　2017 年 11 月第 1 次印刷
书　　号：ISBN 978-7-5439-7527-9
定　　价：20.00 元
http://www.sstlp.com

# 目　录

# 开 头 的 话

　　说起太空城，人们或许会联想起《西游记》中孙悟空大闹天宫时，见到玉帝宫内亭台楼阁、金碧辉煌的情景。虽然这是神话美丽的幻想，但是科学技术的迅猛发展，可能使幻想变为现实。人类向太空中发射的空间站不就是一座座微型的天宫和太空城吗？只是人们并不满足这小小的"城池"，而是希望能建造起居住上万、数十万人甚至更多居民的真正太空城。

　　在茫茫太空中，一座座"高楼大厦"在日夜不停地运转着，从地球上飞来的人在里面工作、生活……在这些庞然大物里，工作和生活所需物品一应俱全，环境幽雅，绿树成荫，小桥流水，蛙鸣鸟叫……简直是一个世外桃源。这应该就是未来太空城的写照！

　　说到太空城，人们就以为是科学幻想，其实早在太空时代开始以前，英国物理学家兼作家约翰·伯纳尔就在其1929年出版的未来主义著作《世界，肉和恶魔》中描绘了人类将在太空建设球形的太空大型定居点（现在称为"伯纳尔球体"），自给自足生活的设想。他的这一设想鼓舞了人们对太空城的巨大兴趣：至20世纪60年代，德裔美国科学家克拉夫·阿诺德·埃利克创造性地推断了人类将在太空建造定居点的设想；到20世纪70年代，科学家对太空城的研究和设计更趋于现实化，其中尤以美国普林斯顿大学的杰拉德·奥尼尔教授于1977年出版的《宇宙移民岛》提出了建造太空城的具体设想最具代表性。奥尼尔教授认为可以在地球和月球的引力所能及的太空，建设可供人居住的移民岛（太空城）。

地球上人类面临着日益严重的人口危机、能源危机、环境危机。太空城将会吸引无数的人离开"拥挤"的地球，到太空中去安家落户。也许到2080年后，将有上亿或者更多的人移居到浩瀚的太空"琼楼玉宇"中，过着神秘的"仙境"生活。太空城将成为人类的第二故乡。太空城和地球城区相比还有一些潜在优势：能持续不断地获得太阳能；资源开发，包括太阳系中的星状物质；巨大的人口承载能力，利用太阳系中自由浮动的天体资源，有人估计它们可以容纳3万亿人。最后，若与星球定居点比起来，太空城距地球的距离更近，比较方便和地球联系，交流文化、科技，开展贸易，发展旅游……

建造可供人们长期生活工作的太空城，既是人类的梦想，又是空间技术发展的必然。太空城对于进行太空移民和深空探索，有着特别重要的意义。

未来的空间站

国际空间

# 一、浩瀚太空建城市

　　人类面临着日益严重的人口、能源、环境三大危机。地球环境已经到了承载人类和其他生物发展的极限。如果人类要永续发展，要么在地球上放慢发展速度，降低生活水平；要么就是移居至太空，生活在一座座太空城中，给地球休养生息的时间，让其恢复至工业时代之前的自然面貌。除此之外，避免人类的灭绝也是一个重要的因素。根据科学论证，发生在 6 700 万年前的一场灾难，造成了 76％的物种灭绝（其中主要是恐龙），那是一颗小行星撞击地球造成的。如果将来再有一颗小行星撞击地球，人类就有可能会步恐龙的后尘而灭绝。虽然随着科学技术的发展，人类可能有办法去应对，但这毕竟只是可能啊！但如果人类在太空还有个家，就有可能在较短的时间内得到重生！再者，太空城有利于利用太空资源。地球上的资源已经捉襟见肘，太空中的丰富资源几乎还没有好好用过呢！现在来看，太空城的建造还可以发展太空旅游。太空城将是人们到太空的必游之地。

在太空城中可以体验到在地球上无法体验到的极大乐趣！

# （一）什么是太空城

简单地说，太空城就是人类建在太空的居住区。根据科学家的设想，未来的太空城，完全可以创造出类似地球的居住环境和人类生活必需的物质文明和精神文明。利用充足的太阳光照射条件，用自己生产的粮食和蔬菜，养活居民和牲畜。农作物的光合作用可净化空气，茎叶等可作为牲畜的饲料，而人、牲畜等排出的废物，经无机化处理可变成盐、二氧化碳和水，反过来为农作物的生长提供必要条件。在太空城里种植，不必担忧地球上那样的病虫害，粮食作物和各种花卉、树木和草坪都可以在一种得天独厚的环境里生长。在太空城里，有居民区、学校、医院、饭店、旅店、农场、肉类加工厂、太空工厂等。在太空工厂，你会看到偌大的工厂里几乎看不见工人，全部是计算机控制，也没有噪声和污染。走进农场，你会看到一台台不冒黑烟的现代化机械在不停地工作，身穿白大褂的农场工人坐在电脑前，用电脑控制着这些机械工作。在明媚的春光下，青椒、茄子、豆角、西红柿张着笑脸，小麦、玉米等粮食作物在春风下摇曳。这些无忧无虑的小生命们，已经忘记了地球。太空城的自然风光布设得也酷似地球，山脉、森林、河流、湖泊、牧场、草地……尽现眼前。太空城之间的交通也方便自由,广阔的"太空航道"上畅行无阻。人类可以在这样一个周期性的生态循环系统中自由呼吸,生儿育女,过上"世外桃源"的美妙生活。

据太空城的设计师们说,太空城,严格地讲就是一座巨大的建筑物,这座建筑物大到如一个城镇,是用钢筋混凝土、钢架和玻璃建成的密封的壳体结构,可以保证不漏气,也就是说可以保证里面的空气不会泄漏出去。同时还必须保证居住在太空城里的人不会受到宇宙辐射的伤害,这就要在太空城的壳体结构外,加装一层防辐射屏蔽层,这样就能有效防止宇宙辐射对太空居民的伤害。尽管结构外形多样,有的像一个巨大的轮胎,有的如"向日葵"型、圆环型,还有的形似哑铃、伞形,但其居住环境与生活在地球上别无两样。居民区通常都利用自转来产生人造重力,用调节和控制太阳光反射镜等方式,造成与地球上相似的昼夜和温度变化等环境,使人感觉跟生活在地面并无两样。

# (二)拉格朗日点,太空城可建在这里

在茫茫太空中,太空城应建造在何处最适宜?早在18世纪,法国数学家拉格朗日认为空间中的一些点(也被称为太空中的平衡点)由于受到两个大天体的引力影响,位于这些点上的微小物体可以在大物体之间相对保持相对平衡,不需要动力推进以抵挡引力作用。在每两个大型的天体之间,比如太阳和木星、地球和月球之间,理论上都存在 5 个这样的点。这些平衡点的存在是他 1772 年推导证明的。1906 年首次发现运动于木星轨道上的小行星在木星和太阳的作用下就处于这样的平衡点上。为了纪念拉格朗日,遂命名这个空间点为拉格朗日点。

拉格朗日为未来太空城的建造提供了"地基"。他认为这块"地基"就是"地球—月球"系统中的平衡点。也就是说,在平衡点上,地球和月球引力的和为零,物体在这些平衡点上能保持稳定。这样的点共有 5 个:L1～L5,人们称这些点为拉格朗日点,但可以利用的仅为 L4 和 L5 两点。切莫泄气,据计算,即使仅利用这两个点(包括其周围区域)就可建 1 万座太空城!"土地资源"看来是不缺的。同时,在太空平衡点上,24 小时都有阳光照射。不像在月球上昼夜更替时长达 660 小时。太空平衡点靠近地球和月球,容易得到地球的物资供应,还容易从月球上取得建筑用料。太空平衡点还是个失重环境,在此建造城市,比在火星、月球和地球上都容易:物体没有重量,搬运起来非常方便。

# (三) 太空城如何建造

科学家认为,太空城的规模起初不能太大。首先建造的应是各种用途的空间实验室、空间能源站、空调站、生活住房、健身房和娱乐厅等。这些空间设施,将会通过一条轨道连接起来,形成长长的太空间。如果你想到太空城大街上去旅游的话,只需手握一根"绳子",它会像传送带一样送你到所要去的地方。

科学家还认为,一些太空城市可以"依附"在月球或其他星球上,这样可以充分利用这些星球的资源。

具体的建造,可以在太空城的建设地点先建一个太空基地,相当于一个超大型的空间站,太空城的所有结构都在基地上预制好,然后在预定位置组装。

## (四)建造太空城还应考虑的因素

太空城不应该仅仅能确保居住者的身体安全和舒适,还应该满足居住者的心理和审美需要。因此,首先居住区要有保证食物自给自足供应的农业设施。研究表明,当地月轨道空间所需的食物消费品超过 1 万人的日消费量时,发展太空农业的成本与从地球运输食物的费用已不相上下。如果设计得当,居住区的农业装置还可以成为娱乐欣赏。比如,在参观某些农业装置时,看到一朵朵盛开的美丽的花,或者看到茎上结了一个个特别大的西红柿,都会由衷产生一种别样的乐趣,这或许已从单一的农业生产上升到娱乐欣赏层面了,诸如这样的情景,在太空城中应该比较普遍,才算达到了设计要求。

同时,太空定居区的设计不应该给居住者造成压抑的心理环境。应尽可能在内部设计中运用多样性和灵活性来消除因长期的孤独产生强烈的不自然感。比如,可大量使用自然光以使视野开阔,多提供密室和私人空间,多采用较大的头顶间距结构(即实际使用中的拱形屋顶)等。

太空城的出现,或许先是散布于地月空间,然后扩展到以太阳为中心的宇宙空间甚至更大的区域。有的科学家认为,太空城必将在21世纪的最后几十年中出现,并且成为人类太阳系文明的标志性特征和技术核心。

# (五)太空城如何"就位"

太空城建造后如何送达到太空指定的位置,科学家认为可以有几种办法:一,可以在地球上造好基础设施,然后再运送到其他星球;二,在地球上造好各种部件,运送到其他星球后进行组装;三,运用当地星球的资源进行组合。运送这么庞大的家伙,就目前全世界的运载火箭和飞船的运输能力来说,是远远达不到的,这还是一个有待研究的问题。但是从20世纪中叶开始的一个个空间站的建立,包括我国2011年发射的"天宫一号",对太空城市的建造都创造了很多经验。相信经过人类的不懈努力,太空城的出现为期不远了。

空间站生活舱模型

空间站模型

# 二、建城方案

伴随着空间产业的迅猛发展,如太空工厂、太阳能电站、月球和小行星的开发以及其他形形色色的大规模空间活动如雨后春笋般出现,必然会有越来越多的人要到宇宙空间去工作、生活。因此,需要建造一种适于人类在宇宙空间居住的场所,即太空城,也称太空中居民的定居区或城镇。

经过多年的设想、构思和讨论,科学家提出了五花八门、各具一格的太空城建设方案。其中尤以美国科学家杰拉德·奥尼尔提出的营建巨型太空城方案具有代表性。听起来,既有科学幻想的成分,又具有现实性的味道。

下面列出几种太空城方案并作简要介绍。

## (一)"奥尼尔太空城"方案

杰拉德·奥尼尔是美国普林斯顿前沿研究学会的物理学

家。1969年,奥尼尔开始设计一个由于未来人口膨胀而进入太空的计划。在他的几篇论文(1974)和专著《高处的国界》(1972)里,他赞成轨道定居的想法。1977年,他大胆地在《宇宙移民岛》一书中提出了太空城的设想,认为可以在地球和月球的引力所能及的太空,建设可供人居住的移民岛(太空城)。

奥尼尔最初设想的太空城,是由一对圆筒组成的。它们绕共同的轴心反向旋转,在内部造成离心力以模拟重力。在圆筒内壁上布设适于植物生长的设施,形成草地、森林、湖泊与河流。除了人工自然环境外,太空城的居民主要在工作区和生活区活动,它们之间有道路和商业区联系。太空城的能源来自太阳能发电站,飞船港口用以提供往返地球和其他太空城的交通。

奥尼尔一共设计了4种双筒太空城模型。长度从1千米到32千米不等,居住人口在1万至2 000万之间。这样规模的太空城,所用材料是惊人的。最小的1千米长、直径200米的太空城质量也要达到50万吨。材料将取自低重力的月球,以减少运输费用。根据估算,建成这样一座太空城并迁入所有居民,需要花16年时间。太空城将设置于地球与月球轨道之间,万有引力互相平衡的区域,即拉格朗日点。一旦第一座太空城投入使用,它将成为建造其他太空城的落脚点和施工作业区。

之后,奥尼尔在《宇宙移民岛》一书中进一步提出了太空城的设想,他设计了三种方案,分别称为一号岛、二号岛和三号岛,并大胆地计划把太空城建在近地空间的拉格朗日点 L4 和 L5 上。其中：

一号岛是供开拓宇宙资源的先驱者使用的，岛身为直径 512 米的球体，在"赤道"内侧面为居住区，可容纳居民约 1 万人。整个岛的能源依赖于巨大的反射镜所收集的阳光，居民所需粮食由农业区生产，所需建筑材料主要取自月球岩石及对其矿物的提炼。在居民点的周围，既有草地、花园，也有涓涓小溪和人行土道。这里鲜花盛开、树木葱郁、绿草如茵、四季如春，简直是一个世外桃源。

二号岛为直径 3.6 千米的球体，可供 14 万人居住，整个设计近似于一号岛的成比例放大。

三号岛则是直径达 6.4 千米、长 32 千米的圆筒，两端用半球封闭，大约每两分钟自转一次。

1975 年，奥尼尔又在原设计方案的基础上，提出了另一种新颖别致的新方案。主体（居民区）为一个直径 450 米的圆筒，两端呈球状。为了模拟地球上的重力场，整个圆筒每分钟自转两次，在圆筒周围的最外层则为农业耕作区。利用在圆筒上端的一个形似向日葵的聚光镜收集阳光来发电，故此方案又称向日葵城。

按照奥尼尔的估计，如果从 20 世纪 70 年代开始筹备，到 100 年后的 2070 年左右有望建成第一座太空城，实现太空移民。

# （二）"美国的太空城"方案

20 世纪 70 年代，NASA 已在大学中主持了一系列关于空间资源和太空城建造的构想的研究。这些太空城中的每一个都计划有 1 000～10 000 人在上面生活、工作和娱乐，同时进行着太空工业化等活动，太空城的建造地址也选择位于拉格朗日点 4(L4) 或者点 5(L5) 的地月空间。太空城的形状为圆环。

这个圆环状的太空城将通过旋转产生离心力，为居住者提供与地球表面相似的重力。一个不旋转的外壳将保护居民免受宇宙射线辐射的伤害。为了降低建造成本，防护外壳可以用累积起来的矿渣或是在月球或小行星上采矿时产生的废弃物来建造。在带有屏蔽罩的居住区，定居区的居民享受着太空中源源不断的充足的光照，在一些地带可种植农业作物。定居区都装有把设备产生的废弃热量散射到外太空中所必需的散热器。

另一个设计方案是，拟采用以"伯纳尔圈"构想为基础的巨大的球形太空城。其周长约 2 千米。将会有 1 万人居住在这个大球的内部表面。并以大约每分钟 1.9 圈的速度旋转，在这个球体的赤道地区可产生和地球一样的重力，但是在两极地区仍将有微重力环境存在。由于该球体不太大，因此飞行器之类的交通工具可不必考虑在内，徒步也可，自行车作为代步工具已足也！计算显示，从赤道居住区到达球体的极地，徒步也不过 20 分钟时间。

还有一个设计方案是，由两个相似的圆柱形太空定居区组成。32 千米长，直径为 6.4 千米，能容纳几十万人。每个圆柱体以 114 秒绕着它的主轴旋转一次，能创造出与地球类似的重力。在每个圆柱体的顶部还安装着一个太空工业用装置和一个发电站。圆柱体周围则装有巨大的可移动的长方形镜片，把阳光引到居住地的内部，控制昼夜交替变化。甚至可以调节定居区内的季节变化，奥秘在于：在镜片的调节环中某处装有一个"随机数发生器"，可以用来显示天气变化，这些天气变化仅是在它以前设定的一定限度内变化。

## （三）"爱斯特劳珀里斯太空城"方案

**"爱斯特劳珀里斯"构想**　早在 20 世纪 60 年代末，克拉夫·阿诺德·埃利克创造了太空城方案。他认为这是个绕地轨道运行的设施（太空城），可以容纳数百甚至数千位居民，工作和生活在有多种不同重力的人造世界。在这个设施（太空城）中包括居住区、娱乐区、太空工业区、太空农业设施、科学研究实验室以及被称为"其他世界区"的太空生物学区，可以对空气、水和废物加以循环利用。由核电站或者太阳能电池板为太空城提供能源。尤其是"其他世界区"，设置在离太空城中心距离不等的区域。利用"其他世界区"，太空生物学家、空间科学家、行星工程师等将能够模拟人类所拜访的天体的重力环境。这些天体有月球、火星、金星、水星、小行星以及许多距离太阳系中心较远的一些大行星的卫星。该太空城重 0.4 万～1.5 万吨，每 24 小时旋转 92.5 圈。由于转动速度慢，所以所造成的干扰和不适感都非常低。而且对进行中的研究项目都能体现出具有不同重力的模拟环境。

**"安得劳塞尔"太空城方案**　这是 20 世纪 70 年代，由克拉夫·阿诺德·埃利克提出的又一个关于太空城更大胆的构想，他认为，太空城将不会被限制在地月系统中。相反，这个有着工厂、农田和商业飞船舰队的太空城，将在整个太阳系空间内自由发展。太空城里的居民可能会和地球、火星或其他太空城进行贸易。太空时代的这些居住着 1 万～10 万个或者更多居民的太空城，甚至会和太阳系边缘某些行星中的大卫星之间实现相互移民。最终或许将会有一批太空城围绕着太阳运转，获得并且利用太阳产生的巨大能量。到那时，人类在太阳系范围内的移民将会扩展到其他星系！

# （四）"戴森球太空城"方案

"戴森球"是一个巨大的人造生物球，是由智慧生命作为他们的科技发展和在太阳系内扩张的一部分。这个庞大的结构极可能由一大批太空城（人造居住区）等组成。该结构是由美籍英国理论物理学家弗里曼·约翰·戴森提出的一个构想，因此称为"戴森球"。

戴森认为,在3 000年之内,人类的能源消耗将达到太阳的能量输出。今天,几十亿的人类生活在地球上,而从现在起的几千年之内,太阳会被一大批太空城所包围,会生存几兆的人类。在数千年后,一种智能物种会从行星文明(卡尔谢夫一类文明)中出现,最终占领围绕母系恒星运动的太空城,创造出卡尔谢夫二类文明。而这些智能生物在选择星际旅行和星系迁徙后,促成卡尔谢夫三类文明的开始。戴森进一步假设,这些先进的外星文明,可能会被在直径约为1~20个天文单位的大型物体所发出的热红外线探测到,但迄今为止,太空红外望远镜比如美国航天航空局的射频太空望远镜也没有发现如此异常的物体。

"戴森球"显然是一个庞大的、难以实现的计划。

**知识链接**

## 卡尔谢夫文明

俄罗斯航天员尼古拉·谢苗诺维奇·卡尔谢夫提出3种可能的地外文明类型,每一种类型的文明是以利用行星、太阳系和银河系的能量资源为基础的。"卡尔谢夫一类文明",能够利用所在星球的全部能量;"卡尔谢夫二类文明",可以利用其母体恒星的能量输出(比如像太阳这样的恒星);"卡尔谢夫三类文明",将能够利用和熟练使用整个星系的能量输出(比如像银河系这样的星系)。

# （五）"小行星上建太空城"方案

科学家发现，有些小行星距离太空城建造点比较近，如果将这种小行星推到太空城建造点，直接利用小行星建太空城，将大大简化建设顺序，缩短建设周期。这种方案主要是将小行星内部掏空，在里面建造太空城。别以为小行星内部空间不大，有人计算过，有的小行星内部空间有几十平方千米，足够建造一个太空城；如果将多个相对较近的小行星内部掏空，其面积加起来是非常可观的，即使居住地球上的几十亿人口，也不在话下。小行星很多，据统计直径在 1 千米以上的小行星就有上百万颗，这实在是建造太空城的宝贵财富！但，话又得说回来，小行星虽多，并不是都可以掏空建太空城的，有不少小行星实际上是星际尘埃和岩石的聚结物，很松散，难以利用。

航空航天空间站

Luna 外观

# 三、初造"太空城"——"生物圈 2 号"

科学家在 100 年前就断言,人类一定能冲出地球,将居民点建在太空,建在月亮、火星和其他星球上。人们在太空中进行试验,在地球上也进行试验,为人类移民太空做准备。

20 世纪 80 年代初,由美国橄榄球运动员约翰·艾伦发起,美国等国科学家进行了一项称为"生物圈 2 号"的计划。这是一个严密、庞大、系统的科学实验,以验证在太空生活的可行性和科学性。

## (一) 什么是"生物圈 2 号"

科学家把地球称为"生物圈 1 号"。因此,在美国亚利桑那州圣卡塔利娜山脉以北大约 48 千米的图森,坐落着一座由人工建成的特殊建筑物——"生物圈 2 号",它是世界上最大规模的再生式闭环生态系统。

"生物圈2号"内有5个野生生物群落(热带雨林、热带草原、海洋、沼泽、沙漠)和两个人工生物群落(农业区和居住区),圈内共有约4 000个物种,其中动物、植物约3 000种,微生物(包括细菌、真菌和微藻等)约1 000种,由250名科研人员自1985年起,历时6年建成。

科学家计划,"生物圈2号"里的居民靠这里的农业设施生产食物,自给自足,与外界隔绝,但可以通过电话和计算机与外部联系。

## (二)"生物圈2号"的试验进展

建造"生物圈2号"的目的是要证明:人类离开了地球这个"生物圈1号"是否还能生存!1991年9月26日,试验开始,8名科研人员(4男4女)首次进驻里面,至1993年6月26日离开,在里面共生活了21个月。他们过着一种近乎与世隔绝的自给自足的生活。他们通过研究植物、动物、空气、土壤、人类和一个大型空气调节系统在这座温室中的相互作用及影响,更好地了解地球生物圈的运作规律,为今后人类空间站、太空移民、登陆其他星球建立居住基地进行探索。这是一件非常令人神往的事情。这8位志愿者,在第一年里经历了饥饿,体重普遍减轻。他们只得适应和承受。第二年,他们生产了1吨多的食物,平均热量摄入增加,恢复了体重。体检还显示,两年里,科研人员的身体状况非常好,一些指标如胆固醇、血压等降低,免疫系统增强。他们的平均体重比原来减少16%。科研人员过着闻鸡起舞、日暮而归的田园生活。"生物圈2号"的试验,进展似乎很顺利。

## (三)"生物圈2号"以失败告终

科学是严谨的,如果没有某些物种生存,就不能确保食物链和生态功能的维持。加上由于冷凝水减少,沙漠地区变得干旱,大草原呈现季节性活跃,生物量减小。热带雨林树种生长迅速。放在圈内的25种脊椎动物,死去了19种;蜜蜂和其他可以传授花粉的昆虫大多数灭绝了,靠传授花粉繁殖的植物因此断了后代;而牵牛花藤疯长,黑蚂蚁爬满了建筑物的金属框架,蟑螂儿孙满堂。氧气的含量从20.9%开始逐步下降。16个月后,氧气含量下降到14.5%,氧气供应量相当于在海拔4 080米的青藏高原。一些生物开始出现休眠、呼吸暂停和疲劳,相反,二氧化碳和二氧化氮的含量却直线上升。"生物圈2号"发生了一场生态大灾难,那里已不是田园生活的"天堂",而是变成地地道道的"人间地狱"。科研人员被迫撤出"生物圈2号"!

但科学家并不完全绝望,在对实验结果进行分析评估,并对圈内的环境条件进行了改进后,又于 1994 年 3 月 6 日派遣第二批科研人员进驻"生物圈 2 号",这一批共计 7 人(4 男 3 女),他们仅在里面生活了 10 个月,同样由于里面的生态环境极度恶化,人类难以生存,不得不于 1995 年 1 月提前离开。至此,"生物圈 2 号"最后以失败告终。

# (四)"生物圈 2 号"失败的启示

"生物圈 2 号"的失败,有技术上的失误或设备上的欠缺,但对人类最大的启示是大自然的力量是强大的,违反了自然规律必定要失败。地球环境是在经历了几十亿年的才形成的,绝不可能用简单的人工模仿就能够完成。人类今后也许还会建造"生物圈 3 号""生物圈 4 号",但是一定要懂得尊重自然,顺应自然,才能获得与地球一样能使万物持续发展的生态环境。

空间站

人造卫星

# 四、建太空城的关键

## （一）防范太空辐射

太空中密布着重重危机，而对太空城居民构成最大威胁的却是太空辐射，也就是高速运动的基本粒子。它由来自太阳系外的银河宇宙线、高通量太阳宇宙线和分布在固定空间范围的辐射带高能粒子组成。再加上许多天体都有磁场，磁场俘获上述高能带电粒子，形成辐射性极强的辐射带，因此，太空是一个强辐射环境。实践证明：昔日飞往月球的"阿波罗"飞船上航天员所受到的太空辐射剂量甚至比在太空站中的航天员还要高出两倍。尽管飞往月球的时间仅仅只有几天，但这批航天员的双眼都受到了巨大的伤害，多年后许多航天员都患上了白内障。"阿波罗"飞船上的航天员至今仍然记得，在飞向月球的行程中，太空辐射像火花一样在他们的视网膜上闪耀，幸好除了白内障其他伤害似乎没有显现出来。或许可以认为，在已有初步保护的条件下，一星期左右的时间不一定会在太空辐射袭击下出现更为严重的后果。

显然，太空城中的居民承受太空辐射是一辈子的事，防范太空辐射异常重要。

此外，银河宇宙线的杀伤力极为可怕，它们是一些从遥远的超星星爆炸中产生的粒子，被加速到接近光速，这些粒子尤以重离子核最危险，它们的能量（达百万以上电子伏特）比来自太阳风的高速质子的能量（达几十到几百电子伏特）要高得多。这样的高能粒子像一串串微小的超高速炮弹珠，可以轻而易举地穿透飞船外壳，钻进人的皮肤，打断细胞中遗传物质DNA的双链、毁坏基因甚至杀死细胞。根据美国航空航天局的估计，若在太空飞行一年，航天员体内将有1/3的DNA会被宇宙线切断。银河宇宙线辐射的强度与太阳的活动有密切关系。在太阳活动活跃的年份，银河宇宙线辐射的强度降低；而在太阳活动低的年份，辐射强度增强。为什么银河宇宙线会受太阳的调控？当银河宇宙线进入太阳系后，受到太阳风的阻碍，不仅减慢了速度，而且降低了能量，使得大量低能的银河宇宙线不能到达地球。同时，太阳也在释放大量的质子和重原子核，以接近光速喷发。若没有可靠的隔离屏障，航天员必死无疑，太空城居民更是必死无疑！还有更具杀伤力的太空辐射，就是二次辐射。二次辐射往往是辐射粒子在穿越航天器舱壁、星球大气层和星球表面土壤等撞击后形成的,它比初始的太空辐射对人体危害更大。

太空辐射的危害严重,后果不堪设想!比如,一旦人体在太空受到宇宙线照射,首先是皮肤损伤,出现红斑、湿性脱皮,严重的还会出现短时间的毛发脱落;如果受到大剂量照射,就会得急性放射病,治愈后还会留下后遗症,在各种后遗症中又以癌症最危险,其次是对中枢神经系统的损伤。对于急性放射病,目前尚无有效的治疗办法,主要是做好预防工作。为此,2003 年,美国航空航天局在美国亚拉巴马州亨茨维尔市的马歇尔太空飞行中心设立了"太空辐射防护计划"。首先考虑将航天员用特殊的物质包围保护起来,就像大气层保护地球与人类一样。

马歇尔太空飞行中心想用纯氢做保护,其抵御宇宙射线的能力比铝金属要高出 2.5 倍。可以设计成这样:将装载液态氢燃料的燃料舱设计成墙壁夹层式,把航天员生活区全部包围起来,实现免遭太空辐射的最新防护目标。这样的设计是否可行还有待进一步分析研究。科学家还考虑了其他几种方案希望能抵制太空辐射对航天员造成伤害,即采用磁场屏蔽、建造电场保护墙等。保护航天员免遭太空辐射损伤的措施,在太空城的设计中是必须考虑的。

科学家认为,防范太空城中居民免受太空辐射损伤的最好办法是使用防辐射屏蔽。也就是在人和辐射源之间放置一些东西,以便减小辐射强度,减少人体所接受到的辐射剂量。防辐射屏蔽可分为两类:被动屏蔽和主动屏蔽。

被动屏蔽就是使用厚的屏蔽材料来吸收带电粒子。地球的大气层就是最好的被动屏蔽，相当于每平方米有 10 吨厚的屏蔽材料。而且仅需要其厚度的一半就能将辐射剂量降低到人类能承受的水平以下。可是在大气层以上的太空中，没有这样一层防辐射屏蔽。

主动屏蔽是用电磁场在太空城周围形成一个屏蔽区，当带电粒子射来时，使其运动方向发生偏离，阻止其进入太空城。但这需要解决极为复杂的技术问题，看来主动屏蔽的实现难度极大。还有科学家提出采用等离子体屏蔽（属于主动屏蔽），这是一种正在研究中的屏蔽技术，有发展前途。

# （二）人 工 重 力

失重是太空中最重要的环境状况。在绕地球运行的航天器上形成了仅百万分之一的重力环境，称为"微重力"，也叫失重或零重力。

失重的产生可以在电梯故障时体验到：当电梯运行中，吊索在很高的楼层突然断裂，使电梯轿厢和乘客同时向下掉落，这时人会感到漂浮，双脚不自觉地离开轿厢地板，这就是失重现象。通过计算得出，此瞬间轿厢里人的体重接近零，由于各种因素的存在，比零略大一点点，绝对的零重力是很难产生的，一般认为此时轿厢是微重力环境。

## 1. 失重的危害

在失重环境中，人类会出现视觉定向错觉，感觉自己的身体上下倒置。除此以外，失重对人的生理影响还反映在其他方面：

**患空间运动病**　表现为恶心、头痛、注意力不集中、呕吐或没有食欲，这种病虽能不治自愈，但会给工作和生活带来影响，是目前航天医学研究的重点。

**体液转移**　当人们处于失重环境之中时，由于缺乏重力的向下吸引，全身的液体会向头部和上半身转移。这时人会出现颈部静脉鼓胀、脸部虚胖、鼻腔和鼻窦充血、鼻子不通气等症状以及贫血，还能引发组织器官结构、代谢和功能的变化。

**肌肉萎缩、骨质丢失**　在失重状态下，肌肉的形态和肌肉质量均会发生变化，表现为肌肉的工作能力、力量、耐力和协调性下降。据统计，即使是航天员飞行7～10天后，80%的人手肌力量减少了4～22千克，腿肌力量的减少比手肌更多。由于肌肉群协调性下降，完成某种操作动作的时间会延长，并且不易判断肌肉用力的大小，往往用力过度。这些都会给航天员在飞行过程中的工作带来不良的影响，一旦要进行消耗较大的体力负荷活动（如出舱太空行走，对卫星维修和回收等）就会感到力不从心。人体的肌肉与骨骼是不可分离的，在肌肉萎缩的同时，骨骼也将发生退化。肌肉越发达，骨骼就越粗壮。反之，肌肉越纤细,骨骼就会越疏松。当对太空飞行回来后的航天员进行体检时,发现他们大量脱钙,最明显的是腰椎、髋骨和股骨上部,大约每月脱失1%。骨质脱钙一方面容易引起骨折,另一方面会造成肾结石和软组织钙化。试验表明,当航天员返回地面后,骨质脱钙现象在一个月内即可停止,但不能证明已经脱去的钙是否可以完全恢复。值得忧虑的是一些航天员在太空停留时间很长,甚至一年以上,骨骼的变化会不会不可逆?防止骨质脱钙已经成为航天医学研究的首要任务之一。一些国家对骨质脱钙课题投入很大,收效却不大,可见这是一块难啃的骨头。

**心血管系统改变** 以航天员为例,在航天飞行中,航天员的心电图变化比较明显,会出现T波下降和心律失常,如苏联参加长期飞行的16名"和平号"空间站上的航天员在飞行中都出现了上述症状,美国"阿波罗15号"的登月航天员还出现了多发性前期收缩。当用超声心电图测量两名航天飞行84天的航天员时,发现他们左室心肌的质量约减少了8%,失重会不会引起心脏出现病理性改变?航天医学家为此而感到担心。但已经能够证明的是,失重确实对心血管功能失调、对航天员健康和工作能力下降存在影响。几乎所有航天员返回地面后,常常感到有2～3倍体重的重量压在身上,感觉站立困难,甚至有些航天员返回地面后2～3天内都不能站立。

**影响呼吸系统、免疫系统和生理节律等方面** 失重可以使航天员"飘飘欲仙",双脚会自然离开地板,身体悬浮在空中,航天员只需用双手推拉舱壁就可使身体移动飘浮,不说有"腾云驾雾"之感,与地面上相比,其轻功绝对顶尖! 失重会对航天员的体质带来影响,但失重也使航天员经历了在地面上难以"享受"到的美妙奇特的感觉。航天专家们正在不断研究和探索,力图降低失重对航天员的健康与安全的威胁。目前已取得了许多有价值的科研成果,比如在航天器上建立人工重力环境,是对抗失重的好办法。

## 2. 什么是人工重力

人工重力是指在地球轨道(或自由落体)或行星际轨道的航天器上模拟的地球引力。它是惯性力,但和因地球质量而产生的常规重力没有什么区别。尽管人工重力对人体的影响和真正的重力不同,但若质量是一定的,效果是相同的。这样,我们可以把人工重力看成是施加在人体上的加速度,用以弥补微重力条件下缺少的重力。

## 3. 如何产生人工重力

产生人工重力有不少方法,下面作简要介绍。

**线性加速** 在航天器中得到人工重力的一种方法是线性加速。即持续地对航天器进行直线加速,航天器里的物体就受到与实际加速方向相反的作用力。比如汽车驾驶员也会体验到这种现象,当红灯变绿踩下油门时,会感觉座椅靠背对他们有一个推力,这就是人工重力,但这种人工重力的持续时间太短了,只有几秒,不可能成为实用的方法。因此,如果能够制造出一个可以连续推进的火箭,就能得到持续的人工重力环境。遗憾的是,火箭都是以数倍于地球重力加速度进行加速的,这种加速只能维持几分钟的时间,也就是说,即使能制造一个连续推进的火箭,其人工重力也不可能出现较长时间。

**重力发生器**　所谓重力发生器是在技术上尚未证实的能产生重力的设备。20 世纪 90 年代早期,俄罗斯工程师尤金·波特科勒特洛夫声称建造了这样一个设备。2006 年,欧洲空间局的研究小组也声称建造了一个相似的设备,演示中得到了一个据称重力水平不小的有效的重力磁力场。

**离心力**　圆周运动或旋转会产生向心加速度,都会产生离心力。依据离心力,就可以产生人工重力。产生人工重力的方法有:航天器绕自己的轴旋转;用系绳连接两个航天器,绕两者组成的系统质心旋转;在航天器上使用短臂离心机。


# （三）星 体 碰 撞


星体碰撞意味着灾祸降临。星球本身要遭到重创！对太空城更是灭顶之灾！

让我们先看看星体碰撞的可怕景象：1994 年 7 月 16 日以及此后的 5 天半时间中，"彗木之吻"引发了一场惊心动魄的宇宙大碰撞，在这短短的 130 小时之内撞击释放出的总能量达 40 万亿吨 TNT 当量，相当于在木星上空接连爆炸了 20 亿颗原子弹。

在地球上也不乏这样的碰撞，只是在能量上有小巫见大巫之感。如通古斯大爆炸，以及在美国亚利桑那州留下的深 200 米、直径 1 000 米的陨石坑等。科学家通过对"潜在危险的小行星"研究监测，至少存在数千颗对地球构成潜在威胁的小行星。中国科学院北京天文台于 1997 年 1 月 20 日发现的"1997BR"小行星，它的轨道离地球轨道最近距离相当于地球到月球距离的 1/5，这个距离对于宇宙空间来说，已经是相当近了！这种小行星被归属为具有"潜在危险的小行星"。2012 年 1 月 27 日，曾有一颗公共汽车大小的小行星，在距离地球 $6 \times 10^4$ 千米处飞过。2013 年 2 月 16 日，体积相当于白宫的小行星 2012DA14 也是近距离与地球"擦肩而过"，当时飞行于印度尼西亚上空，距离已低于地球同步卫星的轨道高度。

科学家还对小行星撞击地球表面出现的概率和能量作出判断：直径大于 10 米，撞击地球的概率为每 10 年一次，能量相当于广岛原子弹的几倍；直径为 50 米的小行星，撞击地球的概率为每 300～1 000 年一次，能量相当于 1 000 万～2 000 万吨级核弹；造成全球性灾难的小行星直径的最低值为 1 000 米，撞击地球的概率为每 50 万～100 万年一次。

根据科学家的判断,可以看出小行星与地球发生大碰撞的可能性比较小,但是一旦遭遇,后果会不堪设想。比如 1996 年 5 月 19 日,一颗直径几百米、重约 1.5 亿吨的小行星(临时编号为"1996TAI")竟在离地球 45 万千米的地方,与地球擦肩而过。这着实让人出了一身冷汗,如果这颗小行星朝地球飞驶而来的轨道角度有微小的变化,来个正面碰撞,地球上的生灵或许早已毁灭了。

　　为了做到未雨绸缪,必须加强对小行星(彗星等)的搜寻和监测。美国航空航天局的科学家制定了"太空监视计划""近地小行星追踪计划",可以对 90%直径大于 1 000 米且正在向地球接近的小行星展开严密监测。1996 年 3 月,各国科学家在罗马成立了"太空防卫基金会",准备在全球范围内组成专门的望远镜网,对近地小行星和彗星进行搜寻和监测。为了提高搜寻的速度,目前普遍使用"电荷耦合器件"系统,使用这种系统,甚至一个晚上就能发现 600 多颗小行星。

　　一旦发现一颗或数颗较大的天体向地球扑来,人类可以想办法使它偏离地球。当然需要时间,有 10 年时间或许还不够,我们需要有更多的时间知道小行星扑向地球的规律。无论是 50 年还是 100 年,总之越早发现越好。我们可以用爆炸法,即在航天器上设置一枚导弹,在小行星附近予以爆炸,强大的导弹应该可以把小天体炸离其原来将与地球相撞的轨道。或许有了几十年时间的研究与准备,到了那一天,只需在小行星附近(或在小行星星体上)引发一次威力不大的爆炸就足以使小行星偏离原方向,而且只需稍稍改变小行星的轨道,待小行星飞至地球时已大大偏离了其原先的航向而从地球旁经过。

也有的科学家设想将太阳能帆板和大功率激光器加热装在小行星一侧,利用太阳辐射和受热汽化推动小行星偏离航向。还有科学家正在研究利用核装置使对地球构成威胁的大质量小行星偏离其轨道。

总之,在广袤的太空中,小行星或彗星撞击太空城的可能性完全存在。未雨绸缪是防范太空城免遭毁灭的重要措施。

# (四) 开 发 小 行 星

小行星虽然个头不大,已经发现的就有成千上万,并且每年还会新发现几百颗。这些小行星按照表面的反射光谱,可分为几大类:S 型、M 型、K 型、C 型、D 型。比如 S 型小行星的表面主要成分为硅酸盐与镍、铁及镁等的沉积物,大约 17％的小行星属于此型;M 型主要为金属铁,仅少量小行星属于此型。科学家用光谱分析的方法发现,除了铁、镍、镁之外,有些小行星上还可能会存在水、氧、金、铂等元素。正是这些物质吸引着太空寻宝者。美国人约翰·刘易斯在《太空采矿:小行星、彗星和行星上的无尽财富》一书中设想,开发 M 型 3554 号小行星可获利 20 万亿美元,其中 8 万亿美元来自铁和镍的矿藏,6 万亿美元是钴的价值,其余 6 万亿美元是铂族贵金属的价值。放眼整个太阳系,直径 1 000 米的小行星约有 100 万颗,平均每一颗都含有 3 000 万吨镍、150 万吨钴和 7 500 吨铂。仅铂一项就价值 1 500 亿美元以上。他因此断言,地球人哭喊的资源危机不过是"源于无知的幻觉"。总之,小行星让地球人既向往又紧张。人们害怕其空袭地球的骇人威力,但又憧憬它怀中可能藏有远超地球储量的各种宝藏和可挖建太空城的巨大希望!

## 1. 广阔的前景

随着科学技术的发展,人类已越来越认识到探测、开发小行星具有广阔的前景。概括起来有这样一些方面:

小行星是太阳系形成时残留下来的初始物质,保存了太阳系形成时的大量珍贵信息,所以探测小行星能更好地研究太阳系的形成和演化。

很多近地小行星可能蕴藏着丰富的贵重金属等矿产资源。例如,直径 30 米的小行星就可能有价值 250 亿～300 亿美元的铂金矿。

研究近地小行星,还可为地球自身的安全做好预测和防范,寻找到防止近地小行星撞击地球的技术和方法。

合适的小行星可以开挖建设太空城。

## 2. 小行星带

我们已经发现了成千上万颗小行星,其中有 97% 以上的小行星运行在火星与木星轨道之间,形成小行星带。小行星带中的小行星到太阳的平均距离为 2.77 个天文单位,即 2.77 倍的日地距离,参照太阳系行星排列的波德定律公式,这个位置正好相当于一颗大行星应该占据的轨道位置。因此,是否可以这样认为,小行星带就是太阳系中的又一颗大行星?

## 3. 登陆小行星

在登陆小行星前,要先进行探测。1989 年美国发射的"伽利略号"木星探测器在飞往木星途中,于 1991 年飞越一颗名叫"加斯帕拉"的小行星,并拍摄到它的第一张照片。1996 年美国又发射了"苏梅克号"探测航天器,探测的目标是"爱神小行星",但是它在飞行途中于 1997 年 6 月和小行星"马天尔达"擦肩而过。"苏梅克号"自然不会放弃这个机会,它及时拍摄了"马天尔达"小行星的外貌,而且十分清楚。"苏梅克号"航天器继续向目标飞去,至 2000 年 4 月开始围绕"爱神"小行星飞行,在一年时间里拍摄并向地球发回 16 万多张照片。2001 年 2 月,"苏梅克号"成功降落在"爱神"小行星上,继续工作了近半个月,向地球发回了极其宝贵的探测数据和照片。同时,日本也于 2003 年向"1998SF36"小行星发射了取样航天器。2005 年,取样航天器飞抵该小行星后,先作为期半年的环"1998SF36"小行星飞行和探测工作,然后依靠控制系统实现软着陆。着陆后,航天器立即向"1998SF36"小行星的地面射入重 5～10 克的掷镖,使地面溅起粉尘,然后用专门装置把溅起的粉尘吸入航天器中,随即踏上返回地球的归途。这种以取样为主要目的的航天器,其技术难度远高于有去无回的航天器如"伽利略号"和"苏梅克号"。

2012 年 4 月 24 日,由谷歌公司等成立了一家颇具雄心的太空探索和自然资源开发公司——行星资源公司。该公司计划先明确所要开发的小行星,基本要求是距离近、资源多。为此,使用该公司的 Arkyd - 100 系列探测器对近地轨道小行星进行普查。然后根据这些近地小行星的远近和成分进行分类:对于离地球较远的小行星用 Arkyd - 200 及 Arkyd - 300 系列探测器进行近距离考察。最后,在综合分析的基础上实施开采活动。2015 年,美国已发射了行星资源公司的第一颗实验性卫星。

2013 年,美国新成立的深空工业公司宣布,将发射一系列名为"萤火虫"的小型探测器,对小行星进行勘测,然后发射名为"蜻蜓"的探测器,从选定的小行星上采集样本运回到地球,供科学家进行详细分析,从而确认小行星是否具有足够的开采价值并确定下一步的开采计划。

从 2016 年开始,将发射个头稍大的"蜻蜓"探测器,将从选定的小行星上采集到的样本运回地球,确认是否具有足够价值并确定下一步探测目标。

美国洛马公司已提出了名叫"移民石"的载人登小行星方案：用载有 2 名航天员的双"猎户座"载人飞船登陆近地小行星，然后出舱对土壤和岩石进行取样，最终回到地球后进行深入分析，预计往返耗时 6 个月。洛马公司的"移民石"计划很可能成为载人登小行星的探路者，具有抛砖引玉的重要作用。

# （五）空 间 发 电 站

空间发电站又称卫星太阳能电站。建造空间发电站的设想是 1968 年由美国工程师彼得·格拉塞尔提出的。不久，波音公司公布卫星太阳能电站的第一个设计方案。由于空间技术和电能转换材料的进步，人们开始看到这个计划的现实性和它对地球能源革命可能带来的深远意义。而在太空城中建造的发电站无疑应该是空间发电站，并且要比建在地球上更简单。

## 1. 卫星太阳能电站的原理

利用大面积太阳能电池板将太阳能转换为电能。一座卫星电站所用的太阳能电池板的面积可达 100 平方千米以上，所以产生的电能也是相当惊人的：200 万～2 000 万千瓦。与地球上最大的水力发电站——长江三峡水电站不相上下。

## 2. 卫星太阳能电站的优点

与建在地球上的太阳能电站相比,地球上日照时间只占全天24小时的小部分,而建在同步轨道卫星上的空间发电站一年之中有275天全天24小时日照不断,只有90天出现被地球挡住阳光的机会,何况一天之内最多不超过72分钟,可见卫星太阳能电站效率比地面电站高得多。另外,地球上接受的太阳能受地理纬度的影响很大,赤道是地球上日照最充沛的地方,接收到的太阳能也只及宇宙空间得到的太阳能的1/6。

## 3. 卫星太阳能电站的建造位置

建在距地球约3.6万千米高空绕地球转动的一颗人造卫星,绕地球一圈的时间,与地球自转周期相同,正好是23小时56分4秒。因此从地球上看,它仿佛总是停留在固定的位置上,所以叫作地球同步卫星。但对于太空城来说,卫星太阳能电站或许就建在城中设定的某一个位置上。

## 4. 卫星太阳能电站的电能传送

要把如此巨大的电能从几万千米的高空传输到地面,采用电缆是无论如何也行不通的,唯一的办法是使用微波传输。微波传输系统由4个基本部分组成,依次为:直流电能→微波转换系统→发射天线→地面接收天线→微波→电能转换系统。整个

系统的效率为 $55\% \sim 65\%$。这样,在宇宙空间和地面之间建立起一条看不见的巨型电缆。显然,在太空城建造太阳能电站应该比建在地面要简单一些,或许这微波传输系统可以省略,起码可以简化。

# （六）利用太空资源

太空资源是太空中天然存在的或是航天器进入太空后自然产生的资源,也是地球表面和稠密大气层中不具备的。随着航天技术的迅猛发展,大型空间站的建立,太空城逐渐走向现实,人类在开发利用太空资源中将取得突破性的进展。与此同时,利用空间进行商业化活动,不仅是人类文明发展的必然趋势,也是人类探索空间、利用空间为人类自身服务的必然趋势。

人类凭借已有的科学技术手段,已经发现了太空中存在的环境资源、能源资源、信息资源、矿藏资源……即使这些资源,就足以激发人类开发太空的欲望了。太空城也是迫切需要这些太空资源！

## 1. 环境资源

对人类有直接关系的环境资源主要有高真空、高洁净和微重力三种。

**高真空** 在距地面 900 千米的高空中,其大气压力只有 100 亿分之一毫米汞柱(在地面上为 760 毫米汞柱),如此高的真空度,在地面上是无法实现的,即使将来有一天能够达到,其成本也会高得吓人。当然,在太空城周围都处于高真空环境。

**高洁净** 在地球表面的大气层中,每立方厘米中含有 1 万兆个氮分子和氧分子,而在太阳系宇宙空间每立方厘米只有 0.1 个氢原子。这是一种无与伦比的高洁净环境,没有污染,没有病毒和细菌,是微生物制品绝妙的试验和生产场所。当然,太空城周围都处于高洁净环境,能尽享高洁净带来的好处。

**微重力** 微重力也是太空中特有的资源,是人类从事新材料和新产品加工的一种有利的环境资源,也是细胞、蛋白质晶体生长与培养的理想环境。实验证明,在微重力环境中制造出的特殊材料,性能稳定,即使运回地球,性能也不会改变。预计微重力环境在不久的将来会被人类广泛利用。当然,太空城处于微重力环境之中,也可尽享微重力环境资源带来的好处。

## 2. 能源资源

太空中的能源资源主要是太阳能和矿物能。太阳是由氢和氦按 3:1 的比例混合而成的巨大火球,每秒钟可释放出 $3.82 \times 10^{23}$ 焦耳的能量,相当于 $1.3 \times 10^{16}$ 吨优质煤完全燃烧后所产生的能量。如此巨大的太阳能,若加以利用定会给人类带来无穷无尽的福音。

在月球上则有近百万吨核燃料氦-3,当人类最终解决核聚变发电技术问题,用这些燃料发电,按地球上人类现有的消耗水平,可使用几十万年至几百万年,只要我们每年从月球运 回 30 吨氦-3,其聚变所产生的能量,即可满足全球所需的电能要求。

### 3. 信息资源

人类利用太空信息资源的历史,几乎和人类文明史一样悠久。20 世纪 90 年代以来,太空遥感技术出现了空前繁荣的景象,应用领域不断扩大,随着航天技术手段的不断更新,太空信息资源的深度开发和利用的时代为时不会太远。除此以外,太空资源还包括低温、强辐射、行星资源等。

### 4. 提供天然的科学实验室

科学家分析,在太空可以进行空间、地学、生命科学(包括人体生物学、医学、辐射生物学、重力生物学)、天文学、材料科学、海洋学等的研究实验。太空被称为"万能实验室",更是孕育新科技的"摇篮"。对于太空城也是同样的道理。

## (七)太空机器人与半机械人

建设太空城当然离不开人,但是人上太空会带来一系列的问题,除了生活上的需求,还有一个提供安全可靠的生保系统。如果用机器人来辅助人,对于机器人,就没有这些麻烦,还能完成人不能胜任的工作,尤其是危险的工作！但空间机器人除了要能适应空间环境,还必须具备体积小、重量轻、挠性大、智能高、功能全、多臂型、微功耗、长寿命、高可靠等特性。空间机器人在太空主要从事的工作则是:空间建筑与装配,卫星和其他航天器的维护和修理,空间生产和科学实验。空间建筑与装配是空间机器人的一大任务,尤其是在空间建设的初期阶段。一些大型结构件,如无线电天线和太阳能电池帆板的安装,大型桁架及各舱段的组装等舱外活动,都离不开空间机器人。空间机器人去舱外将承担大型构件的搬运、构件与构件之间的联结紧固、有毒或危险品的处理等一系列任务。据估计,空间建筑一半以上的任务,将落在能进行舱外活动的机器人身上。而舱内机器人则主要为科学有效载荷服务。舱内机器人的存在,大大减轻了航天员的劳动强度,缓解了紧张情绪,并可在航天员离开现场时作为替补参与工作。有一种被科学家命名为"蜘蛛王"的小型舱内机器人,通过 8 根凯夫拉绳与机器人的工作环境相连接。这些凯夫拉绳从"蜘蛛王"身躯的边角延伸到工作空间各个触点上。通过增大或减小特定绳的拉力,机器人便可在整个工作间内移动,其位置精确度和重复率高得令人吃惊。

目前又有一些太空机器人出现了,如 2011 年 2 月 24 日,美国"发现号"航天飞机进行退役前的最后一次发射。"发现号"此行的任务之一就是为国际空间站送去首个类人形机器人——机器人航天员-2(R2)。主要目的是协助航天员在国际空间站完成零星工作和维修任务,考察类人形机器人对在轨工作的航天员有多大帮助。

机器人航天员-2由铝合金和非金属材料制造,有4个手指活动关节,每根手指有2.3千克的抓力,指尖可感受到羽毛的存在,能完成航天员需要戴着手套完成的精密任务。机器人航天员-2虽然没有完整的躯干和双脚,但它能凭借仅有的一条腿,让自己固定和移动到不同的位置。同时,机器人航天员-2还能和航天员一样使用相同的操作工具,并且能自行"思考"。工作时,其内部系统还能产生和记录有关它与航天员共事的内容。研究人员还设想在紧急情况下,比如在遭到宇宙间的某些残骸撞击时,让机器人航天员-2走出去工作甚至分析问题,这样,航天员就没必要出舱,因为已经有个"人"在那里处理了。再如,日本研制的太空机器人"基博"在国际空间站协助航天员接受地面的指令,陪航天员说话,为航天员们解闷。"基博"会记住当时在国际空间站上航天员若田光一的长相,当他们在太空相聚时,它可以认出若田光一。"基博"在地球上还有一个"孪生兄弟",用于监测"基博"在太空中可能遇到的问题,通过语音指令,指导"基博"执行任务。

当然,太空机器人是完成任务的"多面手",不单能完成上述机器人完成的任务,更能将制造出的各种预制件运送到指定的地点,然后进行安装和测量,还能按人的兴趣和爱好进行内部装修,甚至包括负责太空游客的接待等工作。太空机器人不仅是航天员的好帮手,也是太空城建设的生力军!

但有一点是明确的,不管机器人如何聪明伶俐,它们仍然不能取代人。如它们不能对太空城进行设计,太空城建造好后也不能进行有效的管理,不能为太空城的未来发展制定计划和规划,不能独立解决太空城运行过程中出现的各种新问题,不能妥善处理太空城与地球、月球和其他太空城的复杂关系。它们也很难自己对自己进行设计和改进,以便进一步提高其工作能力和智能水平。

美国《太空机器人》的作者罗杰·劳恩尤斯与麦克迪共同指出:就人类与机器人的自身条件来说,还不具备完成星空探索的能力。机器人的缺点是:缺乏在完成太空任务中表现出的适应性和机动性。同时人类自身也存在着缺点,太空辐射是一大杀手,人类难免遭到伤害,此外在太空中可能会遭遇到的其他意外事件等,都有可能终止正在进行的太空探索和太空建设。

有没有一种带有人类特质的机器人呢?美国的未来派学者雷·科兹威尔提出这样一个解决方案:将人、机器人合而为一,取两者之优点,成为半机械人。学者劳恩尤斯称:"随着科技的不断发展与创新,半机械人的大致模样可能是:戴着眼镜和助听器,体内安装心脏起搏器,以及髋关节置换器……"实际上,美国宇航局在 20 世纪 60 年代,就已经开始着手研究半机械人技术。尽管半机械人目前只普遍出现在科幻小说和影视作品中,但我们或许可以认为,未来太空探索和建设的主角是半机械人?

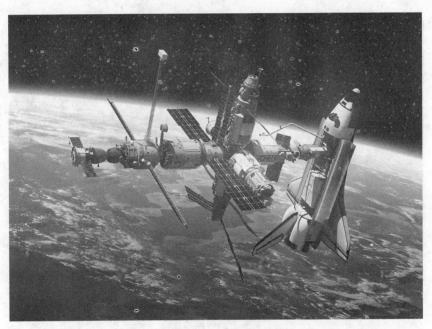

航天飞船与太空站

平面上的空间卫星

# 五、21 世纪的"太空城"——天空实验室和空间站

 

1971 年 4 月 19 日,苏联发射了第一座空间站"礼炮 1 号",具有里程碑的意义。至今人类已发射了 11 座空间站。其中苏联发射 8 座,美国发射 2 座,中国发射 1 座。空间站的问世,标志着人类开发太空的进程步入一个崭新阶段。这种可供多人长期居住和工作的金属舱仿佛一座人造天宫。它短期依靠货运飞船提供生活用品,远期将自己生产食物、能量与装备,使得人类在太空城定居不再是梦想。

科学家认为,未来 50 多年内,人类将可能在太空建设一座座更大规模的空间站——太空城。太空城将是人类的天上街市,梦寐以求的"天宫",神话里的天堂。

# （一）"天空实验室"

  美国国家航空航天局于 1973 年 5 月 14 日发射成功的空间站——"天空实验室"是美国第一个空间站。它是当时向近地轨道发射的人造天体中重量和容量最大、也是最复杂的。并专门为它建造了 3 艘飞船，命名为"天空实验室 1 号"、"天空实验室 2 号"和"天空实验室 3 号"，每艘飞船重约 20 吨，乘员 3 人。

  "天空实验室"很像一架直升机。它是由工作舱、过渡舱、对接舱、太阳观测台和指令服务舱组成，可提供 360 立方米的工作空间。"天空实验室"有 2 块平板型太阳能帆板和 4 块长条形太阳能帆板。2 块平板型太阳能帆板分列空间站的左右，像一对翅膀。4 块长条形太阳能帆板在空间站的尾部，放射状排列，像一架直升机的 4 个桨叶。太阳能帆板为"天空实验室"空间站提供所有电力。

  "天空实验室"汇集了人类早先最先进的科研仪器和技术。科学家称它为最聪明的实验室，专门研究太空飞行给人类造成的影响以及太空医学、太空生命特性和验证。美国科学家还在"天空实验室"上特别安装了一个很先进的"天文台"——太阳观测台，主要的观测对象就是太阳，总共拍摄了多达 18 万张珍贵的太阳照片，拍摄了太阳的紫外光线和 X 射线等，获得了精细的日冕照片。它被誉为最亲近太阳的实验室。

"天空实验室"使用的时间不长，但贡献很大。它在太空运行了 2 249 天，环绕地球 34 981 回。航天员进行了 10 次太空行走共 42 小时 16 分。它对美国科学、医学、天文学、空间学和宇航学提供了很大的支持，为未来的空间站和国际空间站提供了很多经验。"天空实验室"于 1979 年 7 月 11 日 16 时左右，进入大气层烧毁，残片坠落在澳大利亚帕斯西部和南印度洋。

# （二）空间站的来龙去脉

## 1. 空间站的划分

　　根据空间站的结构特点和技术水平，可将它们分为 3 代。

　　**第一代：单模块空间站**　　第一代空间站包括苏联 1971—1982 年发射的"礼炮 1～7 号"空间站以及美国 1973 年发射的"天空实验室"。它们的共同特点是由火箭把空间站一次性发射入轨。受到内部空间大小的限制，这种空间站一般不是长期有人值守，而是短期有人照料。因为"礼炮 6 号"和"礼炮 7 号"空间站相对大一些，也有人将其归为第二代空间站。它们各有两个对接口，可同时与两艘飞船对接，苏联航天员在站上先后创造过 210 天和 237 天的太空生活纪录。但我们可以看到，这两个空间站与后来的"和平号"相比还是显得结构简单、任务单一、扩展性差。

**第二代：积木式空间站**　苏联"和平号"空间站是积木式空间站的代表。它首次发射的核心舱重 20 吨，后来通过多次发射与交会对接，多个功能性舱段分别与核心舱对接，成长为重 120 吨的大型空间站。"和平号"可以通过位于核心舱前端的节点舱（带有 5 个舱口）与多个舱段甚至航天飞机对接。"和平号"的每个舱段都具有独立运行的能力，自带姿态控制、电源、交会对接等设备。好处是当一个舱段出现故障时不至于殃及其余。坏处是设备复杂，冗余度太高。有多位航天员连续在"和平号"上生存了 4 592 个地球日。

**第三代：桁架挂舱式空间站**　由美俄主导，16 个国家共同参与建设的国际空间站的"龙骨"是一根长达 108 米的主桁架，多个功能舱段与太阳能电池板挂在这根主桁架和非承重桁架上。它可以同时与航天飞机、"联盟号"载人飞船、"进步号"货运飞船、"凡尔纳号"货运飞船等航天器进行对接。国际空间站有 1 200 立方米的内部空间，总重量为 419 吨，舱体长 74 米，额定乘员 7 人。

## 2. 空间站的构造

首先，空间站的结构要有足够的强度和刚度。这主要是由它经受的环境条件所决定的。空间站从发射到上天，强大的冲击和振动时刻作用到空间站结构上。由于火箭发动机需连续工作一段时间，所以强烈的振动一直作用在空间站结构上。此外，由于火箭的高速飞行,空间站表面与周围大气产生强烈的摩擦,空间站的结构会被加热,使空间站的表面甚至内部温度升高,可以达到几百摄氏度,这会降低结构的强度。而一旦空间站进入空间后,要经受环境温度在100℃至−100℃的范围内变化。空间站结构在这样复杂恶劣的条件下工作,不但要保证足够的强度,而且还要保证足够的刚度,也就是不能产生大的或者不能恢复的变形,否则会对空间站的控制等产生影响,使它不能按预想的状态飞行。

### 3. 空间站的材料选取

空间站的材料要求强度高、刚度好、重量轻,如铝合金、铝镁合金、钛合金等或者非金属材料。目前发展的低密度、高强度的非金属复合材料得到了广泛的应用。另外,要求材料本身能够抗辐射,而且能够有效地屏蔽辐射;在遇到微流星和空中碎片的撞击,要保证不被击穿,所以空间站在材料的选取上是非常严格的。

其他如空间站的制导与控制,空间站的能源系统等,就不作介绍了。

### 4. 具体空间站介绍

(1)"礼炮号"空间站

1971年4月19日,苏联"礼炮1号"空间站发射升空。它成为世界上第一个绕地球长期飞行的空间站。由于是第一次飞上太空的空间站，所以"礼炮1号"带有试验性质。它也是本着简单性、通用性、渐改性的原则而设计，这样可以缩短研制时间，降低风险，挖掘潜力，为以后空间站技术的发展奠定了基础。"礼炮1号"至"礼炮5号"是苏联第一代空间站。"礼炮6号"与"礼炮7号"空间站是苏联第二代空间站。

航天员们在"礼炮6号"上完成了包括气象、生物、医学、空间加工等学科的120多项科学实验，取得了大量有价值的资料，表明苏联在发射和应用以空间站为中心的航天体系方面已达到相当高的水平。"礼炮7号"空间站先后共接待了11批28名航天员，驻站机组人员中有第一个包括女航天员萨维茨卡娅的混合乘员组，还创造了3名航天员1984年在太空连续飞行237天的最高纪录。

"礼炮6号"太空站自1977年9月29日进入轨道，到1982年7月29日重返大气层时烧毁，总共在天上运行了4年10个月。"礼炮7号"从1982年4月19日发射，直到1991年2月7日坠毁于阿根廷境内的安第斯山脉地区，共飞行了3 214天（8年零10个月），不仅创造了空间飞行的新纪录，而且取得了一系列航天成果，充分显示了航天技术的发展潜力。

(2)"和平号"空间站

它是苏联空间计划的主要目标之一。为建立一个永久性的多功能轨道研究复合体，"和平号"空间站是精心设计而成的第三代全新空间站。它的设计,采用了一种多模舱结构形式。与"礼炮号"的主要区别是,它拥有 6 个对接舱,可以对接拥有 21 吨质量的舱;它还拥有更大容量的电站,最大供电力达 23 千瓦,其太阳能电池帆板的面积有 102 平方米,而"礼炮号"只有 51 平方米。"和平号"空间站的 6 个舱按专业分工,每个专业舱均能独立飞行离开"和平号"进行专门的空间研究。

"和平号"空间站最引人注目的试验是刷新了航天员的留空纪录,如 1995 年 3 月 22 日返回地面的航天员波利亚科夫创造了在太空单次连续飞行 438 天的最高纪录。

从 1986 年 2 月 20 日上天飞行,到 2001 年 3 月结束它的光荣使命,"和平号"整整运行了 15 年。15 年间,"和平号"创下了无数次的辉煌:环绕地球运行了 5 000 多个日日夜夜,共接待了 1 艘"联盟 T"、29 艘"联盟 TM"宇宙飞船和 9 架次航天飞机运送的 135 人次航天员,其中包括阿富汗、奥地利、保加利亚、法国、德国、叙利亚、英国、美国、日本、加拿大以及欧空局等国(组织)的 60 多名航天员。

"和平号"是一座太空工厂,能利用太空微重力、高洁净、高真空、强辐射等特殊环境,制造出纯度很高的新合金、新材料、新生物制品。

"和平号"上开辟了一间面积为 0.09 平方米的温室,进行了栽培各种作物的试验,研究了太空失重环境对植物生长的影响。航天员在站上培育出了 100 多种植物,包括小麦、玉米、绿豆、黄瓜、西红柿、青椒、萝卜、甜菜、亚麻、棉花及各种花草等。这为未来建立太空封闭生态系统,利用植物制造氧气和吸收二氧化碳提供了经验。

"和平号"上,航天员做了大量的医学试验,研究监测人在失重环境中的生理反应及受到伤害的抢救方法;并经过长期研究,解决了防止心脏体积增大、骨组织失钙、肌肉退化等问题。

"和平号"在飞行期间,苏联航天员还曾多次出舱进行站体修理、设备安装、回收装置、太空救援演习等太空活动,创造了许多惊人的作业奇迹。可以说,"和平号"空间站是至今最为成功的空间站,它为人类立下了赫赫战功,也为今后不断发展的空间技术奠定了基础。

2001 年 3 月 23 日北京时间 13 时 59 分,"和平号"空间站按计划坠落在南太平洋预定海域。那无疑是"和平号"告别人间的最悲壮的一幕。

(3) 国际空间站

国际空间站是当前正在运行的国际合作的大型长期载人空间站。由美国、俄罗斯、欧空局、日本、巴西等 16 个国家共同建设。可以说,这是人类航天史上规模极为宏大的航天计划。

国际空间站轨道高度约 400 千米,总质量 419 吨,组合舱段总长 74 米,桁架长 108.4 米。增压舱总容积 1 202 立方米,舱内压力与地面大气压相似,电源输出功率达 110 千瓦,可载 7 人,设计寿命 10～15 年。整个空间站是一个多舱段组合体,全部组装到位后包括"曙光号"功能货舱、联合舱、"命运号"实验舱(由美国研制并发射)、俄罗斯研究舱Ⅰ和Ⅱ、科学能源平台(由俄罗斯研制并发射)、居住舱、通用对接舱、离心试验舱(由美国研制并发射)、生命保障舱(由俄罗斯研制)、"哥伦布号"实验舱(由欧空局研制)、日本实验舱以及由航天飞机往返携带的多功能后勤舱。此外,还有巨大的桁架结构、相关辅助舱段、遥控机械臂Ⅰ号和Ⅱ号、轨道运输车,以及作为应急返回的乘员返回运载器等。自2000年11月2日至今,已有13批航天员进驻国际空间站。但是,期间曾因"哥伦比亚号"航天飞机失事,导致航天飞机全面停飞,致使国际空间站的建设速度减缓。

国际空间站将作为科学研究和开发太空资源的手段,为人类长期在太空轨道上进行对地观测和天文观测的最佳平台。在对地观测方面,它显然要比遥感卫星优越:首先,遥感工作有人的参与,可以获得最佳观测效果;当遥感器等设备发生故障时可以及时维修,还可以通过航天飞机或飞船更换遥感器等设备,既节省时间经费,又能及时应用新技术。在天文观测上,同样比其他航天器要优越,也是因为有人参与观测的缘故。国际空间站为了解宇宙天体位置、分布、运动结构、物理状态、化学组成等提供了重要手段,并能充分发挥仪器设备的作用;还能对影响地球环境的天文事件(如太阳耀斑、暗条爆发等)做出快速反应,保护地球,保护正在太空飞行的航天器和航天员。国际空间站也是进行生命科学研究的出色平台。生命科学研究可分为人体生命和重力生物学等方面,人体生命的研究可直接促进航天医学的发展;重力生物学和材料科学的研究甚至能起到革命性的进展,而且国际空间站的条件远优于航天飞机及"和平号"空间站。仅就太空微重力这一特殊因素,国际空间站上就能给生物技术、航天医学、材料科学、流体物理和燃烧科学等提供比地球上优越得多的实验环境,这是在地球上根本无法实现的。

国际空间站也是建造太空工厂、太空发电站,进行太空旅游,建造太空城甚至向其他星球移民的中途站。

虽然国际空间站在 400～500 千米高的轨道上运行,在此高度上已近乎真空,但还存在极其稀薄的大气,加上国际空间站体积庞大,因此存在着一定的阻力。有阻力就会使空间站的高度下降,每天大约降 100 米。但即使是这区区的 100 米,日积月累就是一个不小的数字,国际空间站必须启动相应的发动机,使国际空间站提升,达到原定的轨道高度,避免发生陨落。

2011 年 2 月 24 日,美国"发现号"航天飞机最后一次飞行,将大型舱段"莱昂纳多号"多功能后勤舱送上太空。国际空间站宣告基本建设完成。最后一个小舱段"科学号"多用途实验舱于 2011 年 12 月由俄罗斯"进步-M 号"货运飞船送上太空,国际空间站完全建成。国际空间站设计寿命到 2020 年。

航天蔬菜

未来的空间站

# 六、建太空城的物质来源

太空城建设的物质来源最主要取决于与所建太空城的距离。从太空城的选址决定了除地球以外就是月球，因为太阳系中的其他行星和这些行星的卫星都离所建太空城在距离上实在太过遥远！

根据科学家的分析，地球上的氢、碳和氮这三种重要元素，其丰富程度在其他一些星球是少有的，这三种元素是对人体非常重要的元素，当然是建设太空城所必需的。

月球也是建造太空城的重要资源供应地。在月球表面的土壤和岩石中包含着 14 种重要元素，而且其中有些元素的纯度比地球上还高得多！举一个实例，在太空城的建造中，需要较多使用钛材，因其结构强度比较高，而且又比较轻。正好，钛在月球土壤中是以钛铁矿的形式出现，因而比较容易冶炼，在冶炼过程中还会产生副产品——铁和氧。看来，太空城的建材首选，是从月球土壤中提取氧、硅、铝、钛和铁来解决。

空间站轨道地球

空间站发射轨道

# 七、建太空城的星际交通

这里所指的交通，不是指太空城内的交通，而是太空城与地球、月球和某些小行星之间的交通联系。如果还是着眼于飞船、火箭，昂贵的航天运输费用是当今航天事业发展的"瓶颈"，如何来打通这个"瓶颈"呢？

## （一）太 空 电 梯

传说古代有昆仑天梯，说的是在昆仑山顶上有一棵大树，有几千米高，直插云端，只要沿着这棵大树向上爬就能进入天庭。当然这是传说。但即使真有那么一棵大树，又爬到了天庭（或者说是"梯顶"），只要你一离开这棵大树，由于地心的引力，你还是会掉到地上。那么，有没有办法使人爬上梯顶后就不会掉下来呢？回答是：有！早在 1895 年，俄罗斯"航天之父"齐奥尔科夫斯基就提出用天梯(或太空缆车)向太空运送人员和物资的想法在地球赤道上空 35 786 千米高度的地球静止轨道上建造一座运行速度为 3.07 米/秒的空间站(只有在这个轨道上,建造的空间站相对于地球是静止的,天梯才有可能建起来),从这座空间站放下缆绳,就可以随地球一起旋转,天梯就能从地球到太空竖立起来。但问题尚未解决,这根缆绳会把空间站拉下来,原因是缆绳所受的离心力(它随地球一起作飞速旋转)小于它的重力。为了解决这个问题,科学家想到让这根缆绳向上延伸大约 65 000千米,这时在太空中的缆绳向上的作用力正好和空间站下面的缆绳产生的向下重力相抵消,两者达到平衡,此时空间站和缆绳会"固定"在太空中不会掉下来。

太空电梯通常应由四大件组成:基座、缆索、电梯舱和动力系统。基座必须选在地球赤道地区,基座也可以建在海上。建在海上的基座可以是固定的,也可以是移动的。缆索是太空电梯的关键技术和设备。一般认为,在有适当的平衡物的情况下,最佳的缆索长度是 91 000 千米。那么用什么材料制造这根缆绳? 显然,这种材料既要轻又要牢固。关于制造缆绳的材料,目前科学家已经研制出用碳纳米管来制造缆绳,它比钢索的强度高出几百倍,重量又可以很轻。美国航天局研究发现,在缆绳上的不同部位受力不一样,在静止轨道处受力最大,就应增粗一些,反之,在接近地面处,受力最小就可变细一些。

电梯舱是人员乘坐和货物放置的场所。它不可能被吊上去,而是要自己设法爬上去。科学家认为把"电梯舱"做成管道式,里面通电梯,管道用电磁材料或线圈做成,利用电磁力推动电梯上升。电从哪里来?有太阳能电站呀,电梯需要的电力由卫星太阳能发电站供给。电梯越往上,地心引力越小,所以越向上越省电。电梯向下则更省电了,因为有地心引力的作用,几乎无须消费电力。

也有科学家认为,电梯舱的上升动力,宜选择激光和微波,激光是首选。激光动力束的发射技术目前已处于建造阶段,而微波动力束还处于设计阶段。因此激光技术比微波技术更成熟一些。

另外,还有一种月球电梯,主要用来运输月球矿石,一般不运人,因为运行速度太慢。月球电梯与太空电梯大体相似。由于月球上是低重力环境,而且没有大气,因此月球电梯缆索不必像太空电梯那样的高要求,不必用碳纳米管制作,用一种称为M5的纤维即可。


# (二) 太 空 系 绳


提到太空城,前面已介绍过选址在拉格朗日平衡点 L5,与地球的距离平均为 384 400 千米,但太空电梯只能将你送到 36 000 千米的对地静止轨道高度。也就是说,你从地球乘太空电梯到终点,此处离太空城还有几十万千米的路程！如何办？太空系绳可以帮助你回到太空城！

所谓太空系绳,简单地讲就是采用柔性缆索,在太空中将两个物体连接起来组成的系统。如果该系绳是导体(如电缆等),整个系统便成为电动力学缆索,又称 EDT。太空系绳并不是科学幻想,而是已有科学试验结果予以证实了的。

美国与意大利合作研制的"系绳卫星1号"(TSS-1)于1992年7月31日进行了第一次系绳电动力学试验:意大利第一位航天员马莱巴在航天飞机上向太空释放了一颗卫星,卫星连着一根长20千米的铜质缆索即系绳,直径为2.54毫米。在太空释放如此长的绳索为了什么？此时,我们或许会联想起美国科学家富兰克林在雷电交加的天空中放风筝的故事。富兰克林放风筝的目的是要将闪电引到莱顿瓶中以破译闪电的奥秘,而意大利航天员在太空中释放缆绳是为了验证系绳发电的可行性。

具体试验是这样进行的:TSS-1系绳卫星随美国"亚特兰蒂斯号"航天飞机一起进入太空并入轨飞行,然后将卫星从机舱内向上发射出去(此时卫星也获得了相同的环绕速度),让系绳卫星的飞行轨道高于航天飞机的飞行轨道。从航天飞机向上看,卫星的离心力大于重力,卫星会垂直向上爬升,直到受系绳长度的限制。同样,若将卫星发射至航天飞机的下方,卫星的重力会大于离心力,卫星会垂直向下降。原计划航天飞机和TSS-1卫星以2 860千米/小时的速度飞行,通过释放系绳卫星,可以完成系绳发电等科学实验。导电的缆索以如此巨大的速度去切割地球磁场的磁力线时，缆索中会产生电流，从而成为全新的发电装置。可惜第一次试验因机构本身出现故障，缆索仅上升到257米高度时即宣告失败，但还是产生了58伏电压和2毫安电流。这说明系绳发电是可能的。

1996年2月25日，决定进行第二次太空系绳试验，虽然又一次宣告失败（仍不是原理本身有问题，而是缆索上升至19.7千米突然断裂），但已产生3 400伏电压和0.5安培电流。尽管这是两次未获成功的试验，但可以证实系绳发电在技术上是可行的，太空系绳可以作为航天器的飞行推动力。美国航空航天局遂于2003年5月批准了研究利用太空系绳取代运载火箭将卫星等航天器送入太空轨道的计划，起名为"动力交换/电动力循环推进"计划。系绳长100千米。太空系绳的意义非同小可。因为利用太空绳索就可以不用推进剂和火箭就能将载人飞船或货运飞船从对地静止轨道甩到太空城！

探索飞行器

逃逸塔模型

# 八、为太空城"添砖加瓦"

太空城是一个自给自足的社会，没有工业、农业、医学等事业的支撑，太空城就是一座寂寞的城市，一座没有生命的城市！目前，在太空建成的工厂、农庄、医院等已不在少数，全部照搬或稍作更动，用到太空城中，或许是不成问题的。下面将地球人已在太空中建成的工厂等，简单作一介绍，为太空城起到"添砖加瓦"的作用。

## （一）太 空 工 厂

在茫茫的太空中建造工厂，是多年来人类梦寐以求的。随着航天技术的发展，国际合作的加强，这种梦想正在变成现实。

从 20 世纪 70 年代末期开始，人类利用航天技术探索开发空间资源，各种形形色色的"太空工业"接踵起步，如空间制药、空间冶炼等。1979年，苏联在"礼炮6号"空间站上成功地制取了铝镁、铝钨、铜铟等多种合金，制造出红外辐射控制器用的碲镉贡半导体材料，以及抗流感疫苗所需的超纯蛋白。1983年4月，美国利用航天飞机在太空失重条件下制造出第一批商品，这是一种肉眼难以分辨的、直径10微米的塑料透明微球粒，共有3 000万颗，分别装在贴有"太空制造"标签的玻璃瓶里。一磅售价高达200万～700万美元。

目前美俄等宇航大国在空间站等航天器上先后进行了合金、金属、半导体、电子材料、光学材料、陶瓷、药物加工、材料加工、生物和生命科学等多项科学研究和实验。有的已在航天器上建立了工艺实验和生产"车间"。这些活动为人类大规模的宇宙开发，建设"专职"的太空工厂打下了良好的基础。

目前，美国科学家对太空工厂进行了多种设计，其"空间工业设施"方案颇受青睐。这种工厂在规模上可以不断增大，采用模块化设计，能像火车加接车厢那样随意扩充，从而易于调节生产能力。

现在太空工厂的发展正在从实验阶段走向实用阶段。在太空建造药厂，是生产药品的理想场所。在太空生产的药物经过临床应用证明能有效治愈多种疑难疾病。如尿激，这是一种抗血栓制剂，能预防和治疗心肌梗死；干扰素是一种抗病毒和治疗癌症的药物；生长激素，能刺激骨骼的生长，用于治疗侏儒症；抗胰蛋白酶，能延缓肺气肿的发展，增强癌症的化疗效果；抗血友病因子,用于治疗血友病;红细胞生长素,治疗贫血;胰腺 B-细胞,用于治疗糖尿病;表皮生长素,用于治疗烧伤,等等。此外,利用液体材料在微重力条件下能够形成理想球体而生产出来的弥散胶乳珠已投放市场,成为第一批太空药物商品。这种胶乳珠在医学和科研工作上有广泛的作用,如可用于测量人体肠壁孔径以研究癌症,测量人眼孔径研究青光眼。胶乳珠是在"挑战者号"航天飞机上生产的,已被美国度量衡局定为样板,用于医疗和科研设备的检验标准。

美国麦克唐纳·道格拉斯和约翰父子公司投资几百万美元建造了一座由地面遥控操作的太空工厂。可行性试验表明,用电泳法工艺在太空环境中分离细胞制取生物制品,在纯度上要比地面高出 4~5 倍,在速度上要快几百倍。他们已计划把一个重 40 吨的遥控太空制药厂送入轨道,然后再用航天飞机定期回收太空制药厂的产品,并补充产品原料。这个首开先河的太空药厂若能如愿以偿实现既定的计划,可以设想,未来更大规模的各类制药厂将会不断地在太空中涌现。

中国的"太空药厂"东方红航天生物产业化基地,早已在 2001 年就问世了,基地建在北京怀柔。与真正建在太空的药厂不同点在于它是利用发射太空飞船的时机研制新药。亦即采用航天生物搭载,筛选而成。2001 年在该基地已研制成功第一批航天药品——"天曲"系列产品并投放市场用于防治心脑血管疾病。国际医学界认为该系列药物是迄今为止研究深入,机理明确,功效肯定的降脂药物。"天曲"系列产品之一"他汀—硒"复合体,与同类产品相比不良反应小,尤其适合治疗国人的血脂疾病,从而跻身于世界领先水平行列。

除此以外,抗癌药物"紫杉醇"和口服胰岛素等一批具有国际竞争力的新药,也将陆续在"太空药厂"中生产出来。"紫杉醇"是近20年来世界公认的抗癌新药,1992年还被美国食品和药物管理局批准为治疗卵巢癌的新药。

在我国每一次发射"神舟"系列飞船时,都会搭载一些盛放着微生物的小小试管。当这些试管在太空中遨游数天之后,里面的微生物就成了科学家寻找新药物的珍贵来源。这种奇怪的变化是怎么发生的呢？由于太空与地面的环境有很大的差异,生物在这种特殊环境的影响下容易发生一些基因变异。有时候人们希望生物长成我们想看到的那个样子,例如青椒、西红柿等瓜果蔬菜,希望它个儿越大越好。从科学家的角度来说,就希望它们朝这个方向变异,太空环境恰好满足了科学家的这个要求。研究表明,太空环境中引起诱变的主要因素是宇宙射线和微重力。其机理是：由于高能粒子引起生物遗传物质DNA的损伤而导致生物产生可遗传的变异。而微重力通过增强植物材料对诱变因素的敏感性,使染色体DNA损伤加剧而增加变异的发生。研究还表明,微重力可能干扰DNA损伤修复系统的正常运转,即阻碍或抑制DNA链断裂的修复。

2003年2月,日本向外宣布,他们在太空中制成了目前世界上最大的高温超导材料。由日本无人宇宙实验系统研究开发机构和超导工学研究所开发的这种材料,是一个底面直径为 12.7 厘米的圆柱体。它是搭乘人造卫星在距地面 500 千米的轨道上制成的,在微重力的太空中能制造出性能极佳的超导材料。若在地面上制造,即使超导材料的直径最大,由于受重力影响,性能只相当于直径 3 厘米的材料。据专家介绍,日本制成的直径为 12.7 厘米的超导材料,意味着世界上当时最强的磁铁已经诞生,因为超导材料直径越大,磁性就越强。

美国在"哥伦比亚号"航天飞机上,将银、铝、锌和锗的金属粉末按不同比例加以混合,并用电子束将混合物加热到 2 903℃,竟冶炼出了性能好、结构均匀的新合金。

在太空"工厂"中熔炼激光玻璃,也会具有极佳的效率。因为在失重的环境中,如果在熔化的钢水中加入氦气,氦气在钢水中均匀扩散,冷却后即为泡沫钢。用同样的方法可以制成泡沫铝、泡沫玻璃、泡沫陶瓷等泡沫材料,具有重量轻、强度高的性能,是一种具有特殊用途的理想材料。

与在空间建造"太空工厂"的同时,太空采矿也正在兴起。据报道,美国已经出现计划发展太空采矿业的机构,该机构计划个人投资进行太空采矿的前期勘探工程,计划发射一艘名为"近地球行星勘察号"的无人探测器。这艘探测器将在环绕太阳运行的某一颗小行星上着陆,进行遥控勘探矿藏,并通过仪器将探测到的照片和其他资料传回地面控制中心。科学家利用这些传回的资料就能分析小行星上贵稀金属等的分布情况。美国航天界还预言，在不久的将来，人们一定能亲临其他星球去采矿，并就地冶炼成地球上需要的各种材料。先说离地球最近的月球，科学家已在月球上找到八九十种矿物。名不副实的水星，可能"滴水不存"，却是一个货真价实的"大铁球"，含铁量达2万亿亿吨，占水星质量的60%。如果每年开采8亿吨，足够人类开采2 400亿年，太诱人了！再看看小行星，上面的矿物也是撩人心扉，比如"1986EB"和"1986DA"这两颗小行星上蕴藏着极为丰富的镍和钛。甚至有的行星上遍藏金矿和钻石矿！

# （二）太 空 农 业

要在太空中搞农业生产，特别是在太空中种植一些高等植物并不容易。但是至今在地面上还是航天器中已经有很多试验性的太空农业系统，不管如何都能为太空农业积累经验，创造条件。

## 1. 太空果菜园

在太空果菜园中种植庄稼，无须除草和喷洒农药，所以没有污染，生产出的蔬菜和水果非常洁净。当然，太空果菜园的管理是全部自动化的，只需在"控制室"操纵按钮，就可对作物全程监控。俄罗斯的"和平号"空间站上曾经有一个太空温室，面积有

900平方厘米,播种了数十种不同品种的"太空种子"。在太空失重条件下,播种的小麦70～90天即可成熟,而所有的农活均由机器人承担。美国的太空实验室和航天飞机上也进行过种植松树、燕麦、绿豆等植物,在失重条件下,植物生长不仅没有受到抑制,反而使蛋白质含量增大,这说明在太空种植农作物可以提高质量。

太空果菜园中,植物可以在沙土或泡沫中生长,只要有水和养分的支撑,就可以在太空失重条件下存活、发育和生长,而且风调雨顺,季季高产。我国在太空育种方面取得的成就也是名列前茅的。如"太空椒87-2"新品,果型大、维生素C含量高、抗虫害能力强,最大的一只甚至达500克以上,经过多年大面积栽培,高产优质等优良特性仍能稳定保持。2002年4月,在"神舟四号"飞船上搭载了兰花、无核葡萄苗等十余种植物。2003年1月,再次在"神舟四号"飞船上进行太空育种实验。航天西红柿"大东新一号"也是从天外归来的种子,成熟后果肉较硬、耐储存,在自然条件下可保鲜20天以上,营养物质含量比普通西红柿高出5%,抗病性也极好。随着太空育种技术的不断发展,更多太空育种食品会成为未来的绿色食品。

所谓"太空育种",指的是利用返回式飞行器搭载生物的种子、胚胎等,使其受到一定的空间诱变,从而成为一种新的诱变育种方法。为什么在太空可以进行育种?亿万年来地球植物的生理、形态和进化始终深受地球重力的影响,一旦进入失重状态,同时受到其他物理辐射的作用,可能产生在地面上难以产生的基因变异。显然,太空育种主要是通过强辐射、高真空和微重力等太空环境因素诱发植物种子的基因突变。"太空育种"起步于 20 世纪 60 年代,目前世界上只有美国、俄罗斯和中国成功进行了卫星搭载太空育种。中国是 1987 年开始将蔬菜等农作物种子搭载卫星上天的。在此后的十多次太空搭载育种中,相继进入太空的农作物达几十个大类、数百个品种,主要有青椒、番茄、黄瓜、丝瓜、胡萝卜、莴苣等蔬菜种子,还包括水稻、小麦、高粱等粮食作物和花卉草木等种子。

经历过太空遨游的蔬菜等农作物种子,大多数都发生了遗传变异,也有受不了这种"高级礼遇"的。如茄子、萝卜、丝瓜等作物种子经过太空育种,非但不能增产,反而像得了病似的,发芽又慢又小,且发芽率降低。即便是同一种作物,不同的品种,搭载同一颗卫星或不同的卫星,结果也有不同,这在一定程度上说明了太空环境的复杂性和太空育种的局限性。

对于太空蔬菜,科学家们还希望能在太空城、月球或者其他星球上建立生产专线,以生产新鲜蔬菜。

名为"完美太空发展公司"就推出了一种叫作"月球绿洲"的迷你温室,而美国亚利桑那州大学在环境条件酷似月球的南极洲,试产新鲜蔬菜。这些都表明让人类吃上外星球蔬菜是大有可能的。"月球绿洲"采用密闭式温室,外形看上去就像一个罩子,装在一个高度为 46 厘米的三角形铝框内。它能安全降落在月球表面,在植物生长过程中也可以提高相应的保护。迷你温室将携带甘蓝种子登月。甘蓝是一种有韧性、耐岁寒的植物,可用来生产食用油,还可以作为动物饲料。甘蓝生长快速,从种子发育到开花只需 14 天。

南极洲的阿蒙森—斯科特南极站,也在进行着月球温室试验。这个由美国亚利桑那州大学植物学教授贾科梅利设计的水耕法温室,每周可生产 27 千克的蔬菜,足够让那里的 75 个科学家每天吃上两道生菜沙拉。你看,科学就是这般美妙。

## 2. 未来的太空粮食

在太空生存,粮食是关键的物质保障。选择小球藻作为未来的太空粮食是有一定的实践依据的。小球藻是一种低等水生植物,无根无叶,无花无果。它十分小,所以我们的肉眼根本就无法看到,只有借助显微镜才能看见它的庐山真面目。小球藻繁殖生长很快,培养容易,一昼夜可长成两三代,产量很高。小球藻营养丰富,有大量的蛋白质、脂肪、碳水化合物和各种维生素,维生素含量大大超过水果和蔬菜。它还含有 17 种氨基酸,且有防癌抗癌、延年益寿的特殊功效,因此被联合国粮农组织推荐为最理想的食品。

# (三) 太 空 旅 游

观光旅游、探险考察是人类独有的休闲活动。在好奇心的驱使下,往往越是神秘的地方,越有可能成为旅游的热点。因此神奇的太空,茫茫宇宙,自然会成为人们十分向往的旅游胜地。如果你乘坐宇宙飞船进入离地 100 千米的高空,就可以尝到片刻的失重滋味,还可以观赏到美丽的地球。如果你乘坐的宇宙飞船上升到离地面 200～400 千米的太空,举目眺望,可以清晰地看到远处弧形的地平线,蓝白相间的地球呈现在你的身下,大海、白云、陆地时隐时现,缓缓驶去;漫天的星星,仿佛是镶嵌在黑色天鹅绒大幕上颗颗晶莹的宝石;在你头顶上则是闪烁着各种颜色的光芒,每隔 45 分钟就有一次气势磅礴、震人心灵的日出日落,那是在地面上永远无法看到的奇妙无比的景色;透过飞船的舷窗,你还可以观看到美丽的极光以及地球上的旎旖风光……

## 1. 太空旅游的方式

（1）飞机的抛物线飞行

这可以使游客体验到 30 秒钟的失重感觉。如果乘俄罗斯的 IL－76 航天员训练用的飞机作抛物线飞行,费用约 5 000 美元。美国零重力公司的"重力 1 号"飞机同样可产生失重,该公司推出的"失重一日游"使参与者有机会体验到太空失重的"滋味"。

（2）接近太空的高空飞行

这也不是真正意义上的太空旅游,而是让游客体验一种极高空的感觉。当游客飞到 18 千米的高空时,可以看到地球的曲线和上方黑暗的天空,体会到一种无边无际的空旷感觉。目前计划用来完成这种极高空飞行任务的飞机是俄罗斯的高性能战斗机米格-25 和米格-31,这两种飞机可以飞到 24 千米以上的高度,费用约 1.2 万美元。

(3) 亚轨道飞行

亚轨道飞行能产生几分钟的失重感觉,失重时间大大长于抛物线飞行。计划用 X-34 飞行器来完成这项任务。X-34 满载燃料后重 13 500 千克,从洛克希德 L-1011 飞机上发射升空后,立刻启动自身的火箭发动机,速度可达 8 马赫(即 8 倍音速),迅速爬升至 75 千米高度穿越大气层。在火箭发动机关机和再入大气层期间会产生失重现象。这种飞行器的优点是价格便宜,24 小时即可完成检修。因此是目前首选的太空旅游方式。另有美国 SpaceDev 公司将研制"追梦者"亚轨道太空飞船,使用内部自身携带的发动机作动力,可在任何商用发射场作垂直发射。

(4) 轨道飞行

这是名副其实的太空旅游。目前,从地球出发,国际空间站是太空旅游的目的地。而使游客到达国际空间站的航天器目前仅是俄罗斯的"联盟号"飞船。由于美国"哥伦比亚号"航天飞机的失事以及退役,"联盟号"飞船目前被作为唯一选用的太空旅游工具,它的安全性好,但搭载的乘客远少于航天飞机。美国 SpaceDev 公司研制的"追梦者号"太空飞船也计划搭载乘客进行轨道飞行。

（5）深空宇宙游

这是摆脱围绕地球飞行的旅游方式,到太阳系、银河系甚至宇宙深处去旅游。这种旅游方式,至少在目前来讲还是比较遥远的。深空宇宙游一旦能实现,那沿途宇宙航行的景观,将美不胜收,让我们选择其中的一个场景加以描述:飞船在宇宙空间疾速飞行,定睛细看,天啊! 居然看到了氢原子! 我们知道,原子的直径是千万分之一厘米,眼睛岂能看得见? 原来,在超高度真空的宇宙空间,绕原子核运动的电子,与原子核的距离被大大地拉开了,使整个原子的直径,比在地球上大 100 万倍。这样,氢原子就成了芝麻大小的颗粒,所以肉眼也能看见……

## 2. 太空旅馆

遨游太空,是人类亘古不灭的梦想。如今,美梦成真仿佛就在眼前。君不见,年过六旬的美国富翁蒂托乘坐俄罗斯"联盟-TM 号"飞船进入国际空间站,在太空游览 8 天,这是作为普通游客飞向太空的第一人。至今已出现了多人。尽管目前太空旅游还只是富豪有此实力。但可以肯定,在一段不太长的时间内,太空旅游会普及到"小老百姓"。如果太空旅游的人数"猛增",建造太空宾馆(旅馆)就成为必然的选择。

（1）"空间岛"

早在 1999 年,当寻常民众去太空旅游还是个难以想象的奢华梦时,世界旅馆集团希尔顿国际公司就决定通过民间集资修建一个名为"空间岛"的太空旅馆。旅馆将由航天飞机的燃料罐串联起来组成,每个燃料罐的直径与波音747飞机的机身相当。在轨道上可以建造多个这样的太空旅馆。这种燃料罐原本是航天飞机在飞行过程中自动脱落,在大气层中被焚毁的,希尔顿集团计划将这些燃料罐保留在太空中,改造成太空旅馆,甚至还可能把其中的一个送到围绕地球和月球的轨道上。游客在这种太空旅馆中生活,不仅能观赏到太空的壮丽景色,还能体验到失重环境下飘飘欲仙的感觉。与此同时,设在美国加州的太空岛屿集团计划建造一座更加宏伟的太空旅馆:它形似车轮,可接纳500位游客。

(2)"宇宙饭店"

日本的清水建设宇宙开发室也制定了庞大的"宇宙饭店"的营建计划。根据这一计划,"宇宙饭店"将建在距地面450千米的太空中,全长240米,总重7 000吨。整个饭店由一个巨大的圆筒状物作总支撑,里面安装可供游客上下的自动升降电梯。在这个巨大的圆筒内,从上而下共分成四层:最上层专为吸收太阳和热量,并将其转换成新能源供应给有关部门使用。自上而下的第二层是由无数个小圆筒组成的直径达140米的大圆环,这个大圆环通过一个十字架形的筒状物固定在总支撑柱上。每一个小圆环就是一间客房,直径为4米,长7.5米。客房内设有卫生间、浴室和卧房等必要设施。第三层位于总支撑柱的中间,就像一个倒金字塔的建筑物,内设餐厅、游艺室、舞厅、会议室等,为"宇宙饭店"的客人提供交际、娱乐场所。第四层在最下面,是供航天器始发和抵达时停靠的"站台"。

据"宇宙饭店"的研发者介绍,这一空前宏伟的计划预计2020年可以正式投入使用,费用约为 3 万亿日元,这当然是一笔天文数字! 一旦"宇宙饭店"建成使用,从地球到该饭店的时间仅需 30 分钟。若按两夜三天的旅行时间计算,到"宇宙饭店"的一次旅游费每人约为 2 800 万日元。这笔费用只是乘坐"伊丽莎白皇后号"豪华游轮周游世界所花费用的两倍。现在,"宇宙饭店"还处于方案设计阶段,一旦研制成功,相信很快就会有无数类似于"宇宙饭店"的"太空宾馆"在太空中招徕游客。到那时,每逢过年过节、周末或是结婚纪念日等都可以到太空宾馆去度假,而且所需费用肯定会有极大幅度的下降。否则,以目前所估算的旅游费肯定不是普通大众能承受的。费用不降下来,太空宾馆就没有发展前途。

(3)"太空旅馆"

2007 年 6 月 29 日,由美国旅馆业大亨罗伯特·比奇洛投资建造的"太空旅馆"二号试验舱——"创世二号"由俄罗斯"第聂伯号"重型运载火箭发射升空并顺利进入预定轨道。近 40 年内,太空旅馆停留在概念上、方案上的居多,像比奇洛掏出 5 亿美元真金白银来建造太空旅馆,还真稀罕。

比奇洛公司原计划在 2010 年前向太空发射 6～10 个试验舱;2012 年前,公司将发射首个载人太空舱;而到 2015 年前,他拥有的世界上第一个私人商业"太空旅馆"将全面开张。这个商业化的太空旅馆将会有 330 立方米的内部空间、宽大的窗口可以饱览地球和太空的美丽风光：在"太空旅馆"住宿一晚的最低费用是 100 万美元。太空旅馆的设计更是别具一格，其主体是一个庞大的环形室。环形室内部设有居室、公园、运动场、游泳池、娱乐场、商店、医院、影剧院等。在那里使用的交通工具是自行车和电动汽车。在环形室外部，设有工业区和农业区。在工业区里，各类工厂生产太空旅馆工作人员和旅游者的生活必需品。在农业区里，则划分成若干个大大小小的区域，它们之间的季节、时令、作物种类都是穿插生长，以保证任何时候都有新鲜蔬菜和水果供应。农作物的生长是用阳光来控制的，这里的阳光是靠太阳光的照射、反射。在太空旅馆上设有一个巨大的天窗和反光镜，能自行调节光的强度、照射时间和角度，从而形成了分明的昼夜和四季的变化（这不就是太空城吗?）。在环形室的另一头，还设有供航天客机停泊的机场。它既可以接待来自地球的游客，也可以从这里乘航天客机去月球观光游览。

（4）充气式太空旅馆

由美国比格罗宇航公司研制的充气式太空舱又称比格罗可拓展动舱，作为太空旅馆的一部分，优点是重量要比目前使用的传统太空舱轻很多，未膨胀展开前体积很小，便于运输，所以发射费用很低，可以大大节省发射成本。首个"比格罗"可充气式太空舱已于 2016 年 5 月成功发射升空。

这个充气式太空舱（称为 8330 可充气太空舱）重 1.4 吨，由铝和可折叠的特殊面料制成,在飞行时会被压缩起来,形成一个长 2.4 米、直径 2.36 米的"大包裹"。它在充气膨胀后可达到原来体积 4 倍的大小,由 3 立方米变成一个内部空间 16 立方米的加压舱。充气式太空舱采用的高强度合成纤维表皮是一种柔软、可膨胀的材料,外覆抵御微流星与太空垃圾的防护层,在对抗撞击方面能够做到与普通的硬质舱段同样的水准,可保证在一定范围内舱段的安全,既能防止宇宙射线对舱内人员的影响,也可以抵挡太空垃圾等碎片的撞击。

该舱将与国际空间站对接至少试运行 2 年,从而观察其在太空的极端环境下能否正常工作。如果在 2 年的测试期内,该舱没有出现大问题,2020 年将发射 2 个可扩展 20 倍的 B330 充气式太空舱,它们对接在一起,可同时容纳 6 人。它们对接在一起组成太空旅馆,访客可以停留一至两周,甚至长达一个半月。此后,这种新颖的太空舱或将用于建造深空空间站、太空城以及载人月球基地或载人火星基地。

(5)月球旅馆

月球旅馆是一座双子塔。预计从地球飞往月球大约需要两天。由于在月球着陆会产生尘云,因此着陆点距离旅馆会有一段距离。当游客行至尘云区后,就能看到远处的月球车,它能带你前往月球宾馆:月球宾馆建设在 5 千米深的峡谷边缘,在宾馆上可以领略峡谷的美景。

到月球旅行的大部分时间将在宾馆中度过,于是旅馆将会为游客提供大量的娱乐活动。游客可以通过参加重力游戏亲身体验低重力的感觉,这些游戏有:绳索下吊,游泳(游泳时可以像海豚般跃出水面,甚至可以飞起来),此外,游客也可以一览地球的美景,可以远观悬在天空中的地球,或者通过超级望远镜观测地球。

旅馆内还配有酒吧和房间。宾馆里没有电梯。因为在月球上身体锻炼很重要,低重力状态下,如果缺乏运动,人的肌肉会迅速萎缩。疲劳的时候,游客可以回到旅馆内的房间。这些房间类似于"泪状胶囊",这些"胶囊"与生活单元间紧密相连。每个"胶囊"都配有卧室和独立浴室。它们被细钢索自由悬挂于旅馆内,并可以随旅客喜好,通过远程遥控降低或旋转。晚间,这些"胶囊"可充当巨型灯泡为旅馆照明。

除了在宾馆内活动之外,还可以到户外进行月球行走:但这需要一套太空服,并且只能组团进行,因为比较危险。通过乘坐月球车游览可能会更舒适一些,它可以带着游客去参观一些有趣的地方,其中之一就是"阿波罗"登月的着陆点,阿姆斯特朗在月球上留下的脚印依然可见,就像是在昨天发生的一样。

# (四) 太 空 娱 乐

生活在太空并不是只工作不娱乐。如果在航天器内只停留一两个星期,甚至更短时间,那么你看看窗外奇异的景色,体验失重的趣味，或许就够了，因为这种奇景异趣放在地球上就是相当精彩的娱乐活动。

在太空飞行时，透过舷窗可以看到旋转的地球以及地球上各式各样的阴影和纹理。日落日出是非常壮观的景象，能欣赏到极光更令人心潮激荡。有一位航天员描绘了太空飞行时从极光中穿过的美妙享受，他说："我两次太空飞行都看到了极光。1992 年我们在 300 千米的高空飞行，经过南极附近时，我们的航天飞机曾从极光中穿过，倏地一下就穿过了薄薄的极光，没有一点声息。太阳风强的时候，极光有红蓝等各种颜色，但通常以白色和绿色为主。看到极光，宛若闻到醉人的芳香，又如同听到巴洛克那高雅的音乐。极光以南极为中心形成了一个圈，多美啊！"

当然，若较长时间在太空飞行，仅仅看转着的地球，玩玩失重带来的乐趣是不够的。例如，在国际空间站上，航天员会有很多放松和娱乐的机会，他们也会度周末，还能看电影、读书、打牌以及与家人通话。空间站里还准备有各种玩具、录音机、录像机、收音机、电视机等，可以玩玩游戏，唱唱歌，看看电影……在一般情况下，不能实时收看地面电视台的节目，包括世界各地电视台实时转播的节目。能观看的是由地面飞行指挥控制中心发送上来的电视节目，原因在于电视等图像信息要通过航天测控网才能发送到航天器。航天测控网用来传送电视节目有些不合适，除非特殊情况下才会应用。

为了排解航天员的孤寂心情,地面飞行控制中心不仅使航天员能收看到诸如新闻、体育等电视节目,还可以自己点播电影等。1988 年,苏联航天员季托夫和马纳罗夫在"和平号"空间站进行为时 1 年的飞行,每逢冬季和夏季奥运会,他们就点播了许多运动项目的比赛,同地面观众一起欣赏了比赛实况,使他们仿佛置身在地面上一样,心情很放松。

　　在休息时间里,地面飞行控制中心还会组织航天员与演员、歌星进行联欢,召开别开生面的"天上人间"联欢会。苏联地面指挥中心还设置了一个专门的心理支援小组。它的任务不是指挥飞行,而是对航天员进行心理支援。心理支援小组每天晚上与太空的航天员通话一次,报告航天员家人的情况,妻子在做什么,孩子学习怎么样,朋友和同事中发生了什么新鲜事等。在心理小组的安排下,航天员每个星期天都能通过双向电视与家人会面,如果家里正在修理住宅,航天员罗曼年科立即会提出自己的设想,他还跟妻子开玩笑说:"如果在我返回之前还修理不好,我就请求延长在太空的飞行时间……"苏联广播电台还组织了多次"对宇宙广播"的专题音乐节目。编排节目时还征求了航天员的妻子与孩子的意见,由于家人很了解航天员的爱好,所以在广播节目中,有许多是航天员爱听的歌曲。由此,在十分欢乐的气氛中,航天员往往被这些美妙的歌曲所陶醉,不由自主地随着歌曲的节拍跟着唱起来。由于天上——地面的通信线路是互通的,所以地面的值班员,控制中心的工作人员在听到他们的哼唱后,也跟着唱了起来,歌声越唱越响,节奏越来越合拍,形成了雄壮的地空大合唱。"天地演唱会"结束了,可航天员们的心情还久久不能平静。更别出心裁的是,科学家特别为航天员安排了"在太空听鸟叫"的娱乐活动。因为科学家发现,美丽动听、婉转悠扬的鸟声,能给较长时间与世隔绝的航天员带来欢快并在精神上得到安慰。鸟叫声可使航天员忘记寂寞、舒展筋骨甚至增加食欲。而兽类、鱼类的叫声也能起到相似的作用。因此,在空间站里,各种鸟鸣声和兽类、鱼类的叫声都有录音带,可供航天员自由选用。鸟类和其他动物优美的鸣叫声,就让人如同置身于鸟语花香的美好环境中,大大丰富了航天员的文化娱乐生活。

在太空玩"杂技"和变"魔术"可比在地面上容易得多,一般人只要经过简单的训练,都可以完成高质量的动作。

美国"发现号"航天飞机上的一名航天员曾经兴致勃勃地向全世界的少年儿童做了一场精彩的杂技魔术表演。只见他简单地活动了一下肢体,随即动了起来,前空翻接着后空翻,身体侧平衡,手脚倒立,用一个手指拿大顶,而且永远掉不下来。他还做了许多在地面上看起来是非常危险的动作。

接着他又给孩子们即兴做了"魔术表演",在太空中,只见他简单地变换手势,变出了许多橘子和苹果,然后他将这些水果沿三角形和正方形线来回移动,就像一个熟练的魔术师一样,突然苹果和橘子都不见了。在太空失重的环境下,苹果和橘子就像网球似的,具有"弹性",抛出去的苹果和橘子会从天花板、地板和墙壁上慢慢地反弹回来。这位航天员巧妙地用手势和身体作掩护，趁别人不注意时，向地板或身边其他设施投出水果，然后双手示意，水果不见了。待到水果从地板或身边的设施上反弹回来时，再用手势或假动作掩护，迅速地接住水果，于是水果又出现在他手上。

他不断地变换手法，敏捷隐蔽地抛掷水果，水果就会在他手中忽隐忽现，变幻无穷。可惜的是到飞行快要结束时，"道具"已经被他吃光了。

上面介绍的诸多情景，仅是出现在空间站中娱乐生活的若干例子，我们有理由深信，在未来的太空城中也同样会出现，而且会更加丰富、精彩。


# （五）太 空 体 育

开展太空体育活动是必不可少的，这从航天员在太空中积极进行体育锻炼并收到显著成效中可以得到佐证。因此在人类已跨进航天时代的今天，在浩瀚的太空中开展各类体育活动，甚至建造太空体育场馆进行体育竞赛也是可以做得到的。即使要举办太空奥运盛会，也不是幻想，只是有待时日。

美国佛罗里达州的一个太空娱乐与旅游公司所属的零重力公司就正在研究太空体育运动项目。零重力公司总裁皮特·迪亚曼迪斯提倡在失重环境中进行摔跤比赛或许会更具观赏性。也有人提出在太空中进行"抛物足球"比赛。这是一种由多种运动合成的综合比赛，与地球上进行的足球比赛有较大的差别。

日本麻布大学的帕特里克·柯林斯教授甚至想推出太空"水球"运动。太空运动员（游客也可以）在一个大的水滴里进行跳"水"运动。这里所说的"水球"并不是地面上运动员在游泳池中打的球，在太空中没有重力，水在空中形成球形，这种水球比较小，人们可以把它掷向其他人，与地面上玩打雪仗有几分相似。当然水也不能太多，否则会有安全隐患，因为在失重环境中，人是不能"浮"出水面的。当然，玩水球时携带一个氧气瓶以防万一，这就另当别论了。

还有一种"帕拉球"，专门适合在失重环境中进行的。在电视转播中，看着这些球员飘浮着打球确实很有趣。据说"帕拉球"是在橄榄球的基础上发展起来的。当然，与地面上的玩法有很大的不同。柯林斯教授还认为，在太空中开展乒乓球、羽毛球、网球、棒球、体操等竞技项目也是没有问题的。柯林斯教授不仅热爱体育运动而且还是个建造轨道体育场馆的积极提倡者。他预测未来在轨道上建造各种体育设施和体育场馆完全有可能。既然在太空中能建造起各种体育设施场馆，那么在太空举办运动会甚至奥运会也在情理之中。有的研究人员更是计算出太空运动场的直径可以在 20 米左右，连橄榄球比赛也能正常进行。

2006 年 11 月在太空上演的打高尔夫球运动是已实施的货

真价实的体育活动。北京时间 2006 年 11 月 23 日,俄罗斯航天员秋林从国际空间站上成功地将一粒高尔夫球击打入地球轨道。此次的"太空高尔夫球秀"别有创意。与此同时,国际空间站内的高清晰度电视作了"直播":首次将国际空间站内部的画面连同秋林航天员的击打同步传送到地面,在纽约时代广场的电视大屏幕上播放,其清晰度可以达到普通模拟视频的 6 倍。秋林也就成了世界上高尔夫球击打得最远的一人——这个高尔夫球会围绕地球至少飞行 48 圈、穿行 2 748.5 万千米,然后坠入大气层中烧毁。不要小看这次击打,万一出现严重差错,使高尔夫球与国际空间站正面相撞,其碰撞力相当于一辆 6.5 吨的卡车以时速 100 千米所产生的冲击力,会给国际空间站带来不小的灾难。为此,秋林在国际空间站内反复进行练习,直到所有人都认为"OK"为止。事实也正是如此,连秋林本人也认为这是"非常精彩的一杆"。为了安全起见,该高尔夫球仅重 3 克(地面上用的高尔夫球约有 45 克)。球杆用新材料制成,完成使命后要送回地面,被拍卖作为慈善基金。在太空打高尔夫球还曾有过先例,早在 1971 年"阿波罗 14 号"登月时,美国航天员谢泼德已经尝试过,所不同的是谢泼德是在月球上击打的。据说这球杆返回地面后捐赠给了美国高尔夫协会。

在太空实施的体育项目还有女子马拉松。美国女航天员苏妮特·威廉姆斯在离地 338 千米外的国际空间站的跑步机上以 4 小时 23 分 46 秒的好成绩跑完全程,成为世界上第一个在太空跑马拉松的人。威廉姆斯在空间站训练时是很辛苦的,为了防止失重状态下的漂浮,必须把自己系在跑步机上,又为了让跑步引起的震动不会危及国际空间站的正常运行,减震系统中的绳子要固定在她的肩部和臀部。此外,汗珠会黏在身上,又增加了不适感,用威廉姆斯的话来讲:"这简直就是一种折磨。"但功夫不负有心人,她开创了长跑领域中的先河。

那么下一项太空体育运动项目会是什么呢?飞盘!由瑞典航天员克赖斯特·富格尔桑在飞行任务中执行。他打算创造飞盘飞行时间最长的世界纪录。

# (六)太 空 媒 体

太空进入了媒体时代。"梦时代"是一家总部位于硅谷的多媒体公司。他们与美国航空航天局已达成协议,准备支付1亿美金率先实现高清晰度电视的空间传送以及太空摄影、教育和纪实节日的数字化。公司创办人比尔·福斯特对这项协议的实施将会带来可观的利润确信不疑。该公司还得到了洛克希德·马丁公司和银行的全力支持,看来前景一片光明。还有一家名为"Space Hab"的公司的子公司与俄罗斯能源公司合作,共同经营一间设立在国际太空站上的新闻、教育和娱乐节目的广播室……凡此种种,均显示了媒体已经渗透进入了太空。

广告"上天"。广告几乎已充斥到地球上的每个角落,广告效应确实很大。如今,航天事业炙手可热,发展太空广告似乎已水到渠成。2002 年,日本各大电视台播出了世界上第一个在太空拍摄的广告。广告由日本电通广告公司和大冢制药公司合作拍摄。拍摄地点在国际空间站,采用高精度摄影机花费 3 小时、1 亿日元拍摄了片长为 30 秒钟的广告。在拍摄之前,制作人员来到俄罗斯的太空中心,与航天员讨论拍摄内容,并由地球上的控制中心遥控。太空中的浩瀚景象加上太空人的亲自"表演",让观看者耳目一新。

美国的快餐集团"必胜客"也瞄准了太空广告这块肥肉,不惜用重金通过俄罗斯"联盟号"做了一回广告:用特制的"太空薄饼"送给国际空间站上的航天员享用。当然是免费的,除此之外还需"倒贴"给俄罗斯航天部门 100 万美元。正如"必胜客"市场部主管所说:"从这一天起,必胜客的名字写进了历史,薄饼能上太空给航天员进食,是世界首次。"仅凭这一条,花去的是几个"小钱",却拣了个大便宜。

能在国际空间站上做广告,那么在月球上做广告岂不是更标新立异、更夺人眼球? 总部设在美国弗吉尼亚州的"Luna Corp"公司就"算"到了这一点,在其研制的月球漫游车上醒目地显示出"无线电广播室"公司的标识("Radio Shack")。它是与"Luna Corp"公司长期合作的伙伴,一旦发射成功,"无线电广播室"还可以遥控月球车让其在月球上行走,进一步扩大影响。

# （七）太 空 运 输

太空需要运输市场。航天界的巨无霸——美国波音和洛克希德·马丁公司也在抢滩太空运输市场,从而引发更多的投资者纷纷成立新兴的太空运输公司。比如由吉姆·木森创办的"太空邮递公司"就是形形色色的太空运输公司中的一个。吉姆对自己创办的"太空邮递公司"是这样认为的:"它如同一个在太空中递送包裹的系统。"

在太空邮递公司所要递送的货物中,包括一颗载有等离子光谱仪的卫星。卫星上搭载的宇宙热星际等离子光谱仪被用于加州大学伯克利分校观察太阳系周围炽热气体的实验。一旦卫星进入预定轨道,设在加州波韦的飞行控制中心将通过太空邮递公司设计的无线电遥控卫星,收集从宇宙热星际等离子光谱仪上传来的实验数据。史倍斯·哈伯公司据称是新兴的太空运输公司中办得相当出色的一家公司,它能将所递送的货物、包裹直接送到太空站的舱门口,服务十分到位。

# （八）太 空 医 疗

太空环境恶劣,载人航天具有很大风险,环境因素可能导致航天员出现一系列的生物医学和心理方面的问题，严重者甚至可能威胁到航天员的生命。这些问题怎么解决呢？一门新兴学科——太空医学悄然而生。太空医学同样在太空城中大有可为。而在太空城中设立的太空医院可能就是下面介绍的模样：

太空医院的外形呈椭圆形，其内部按照病理专科的设置分五个相互隔离的功能区，在椭圆体的轴线上有三条通往太空城主要生活区、旅游区、科学研究区和种植生产区的通道，使太空医院和太空城联系在一起。

而正在设计中的太空医院的结构为圆形，分别由以下几部分组成：

首先，是连接轨道复合体的气闸舱和卫生舱段。

其次，是研究舱段，主要是对空间站的航天员进行医学、生物学诊断和处置。该舱段将安装大量的科学仪器，并设计成模块式，以便按照实验计划进行快速置换。

第三，是实验外科的手术舱，在这里可进行必要的外科手术和动物实验，舱内将安装桌式实验容器和麻醉仪器，以及其他各种医疗器械。

第四，是生物体舱，设置各种实验用的生物体，每个舱由一扇坚固的门分隔，各种遥感和传感器的医疗数据由计算机贮存和处理。届时，将有一名医生和一名生物医学家在这里进行研究工作，周期为三个月。

显然，太空医院还有个"近水救近火"的功能，如果太空城的居民或是在太空中飞行的航天员一旦患病,要送往地球等去治疗,不仅费用巨大而且时间上恐怕也来不及。

但是,事情并不简单。在太空医院中,在地面上很容易处理的疾病,在太空可能就变得很复杂,如传染病如何隔离,生病航天员的工作谁来替代? 还有,在太空能对病人进行准确诊断和医疗吗? 如地面上常用的透视方法 X 射线会发生什么变化? 如何准确诊断? 血液检验中能使用地面上的生化指标吗? 特别是在太空能进行手术吗? 这些都需要进行探讨和实验。

苏联曾在抛物线飞行的飞机上,进行过失重状况下的外科手术试验。那是对一只兔子进行局部麻醉后的开腹手术。试验初步证明可以在失重环境中进行外科手术。但是,人在太空飞行中免疫力会降低,手术必须在绝对无菌环境中进行。根据这些特点,研究人员研制了一种在失重环境中进行外科手术的手术舱,这是用透明氟塑料片制成的袖套式抗菌外科手术舱,一般装有 2~3 对手术手套。根据手术的需要,可随时改动和扩展。看来,太空医院只能设在大型航天器上(生活在太空城中的居民不受此限制)。另外,营救在太空遇险的航天员和太空城中居民的"太空营救车",将随着进入太空的人数的增多,特别是太空旅游业的兴起,可专门设置"太空救护车",平时将其放在太空城中的飞行平台上,也可放在地面上,太空医院和太空救护车的设立,将可解除航天员、游客和太空城居民在太空生病的后顾之忧。

目前,处理航天员在太空飞行中出现的各种疾病,采取"天—地"联合门诊的办法,即由地面控制中心采取遥感的方法对航天员的各种心理和生理参数进行检测,发现小毛病就由医生在地面做出诊断,告知航天员服用座舱内备用的救急药品,发现大毛病则立即从太空召回,到地面医疗中心就诊。这种"远水不能解近渴"的太空医疗的办法,已越来越不适应长期太空载人飞行,当然在太空城中的居民,不存在远水不解近渴的困扰。

针对"远水不能解近渴",太空医院将可以在以下方面为航天员提供医疗咨询服务:定期为航天员检查身体;医治受伤或患病的航天员及其他人员;减轻航天员因长期处在微重力状态下引起的生理失调;为航天员进行体育活动提供服务设施。